한국나무도감

우리 주변의 친근한 나무 찾기

한 권이면 이제 당신도 나무박사

한국나무도감

우리 주변의 친근한 나무 찾기
한 권이면 이제 당신도 나무박사

머릿말

나무는 여러 목과 과에 걸친 다양한 종류의 식물들이 나무의 형태로 지구상에 존재한다. 이 때문에 나무의 형태와 생식, 생장은 매우 다양하다. 대략 100,000 종의 나무가 존재하며 이는 전체 식물 종의 25%에 해당한다.

나무는 나무질로 된 줄기를 가지고 있는 여러해살이 식물이다. 목본(木本), 목본 식물(木本植物)이라고도 한다. 나무의 기본적인 형태는 뿌리, 줄기, 가지, 수피, 잎 등의 부위로 구분한다. 나무의 종류마다 줄기와 가지가 자라는 방식 및 잎의 크기와 모양이 다르기 때문에 나무의 전체적인 외형은 매우 다양하다.

나무는 보통 개체를 지탱하는 하나의 줄기를 나타내거나, 또는 줄기 가지가 잔가지들을 지탱하는 목질의 식물이다. 일부 학자들은 다 자랐을 때 최소 높이가 3미터에서 6미터 정도가 되고 줄기의 반지름이 10cm, 둘레가 30cm가 되어야 한다고 정의한다. 이러한 정의를 만족하지 못하는 줄기가 여러 개이거나 작은 크기의 목질 식물은 관목이라고 한다. 나무는 다른 식물들과 비교하여 수명이 길어, 어떤 나무는 몇 천 년까지 살고 그 키도 115미터에 이르는 경우도 있다.

나무의 뿌리는 토양이 빗물과 바람에 쓸리는 것을 막고, 잎은 여러 생물이 날씨의 변화로부터 피할 수 있는 곳을 제공하며 초식 동물의 먹이가 되는 등 생태계에서 중요한 부분을 차지한다. 나무는 대기 중의 이산화탄소를 흡수하고 산소를 배출하는 중요한 역할을 한다. 또한 지표면의 온도를 조절하는 역할도 하고 있다.

나무는 조경과 농업에 중요한 요소로서 미관상 아름다움을 주기도 하고 사과와 같은 과일을 생산하기도 한다. 나무에서 얻는 목재는 건축자재로 널리 사용된다. 또한 세계의 많은 신화에서도 나무를 다루고 있어 문화적으로도 매우 친근한 존재이다.

나무의 종류를 나누는 기준으로는 잎의 모양에 따라 나누는 방법, 쓰임새에 따라 나누는 방법, 분류학적인 방법에 따라 나누는 방법 등이 쓰인다.

나무의 키와 모양에 따라서 다음과 같이 분류를 하기도 하는데
교목(큰키나무), 관목(작은키 나무), 침엽수(바늘잎나무), 활엽수(넓은잎 나무),상록수(늘 푸른 나무), 낙엽수(갈잎나무) 등으로 나눈다.
쓰임새에 따라 종류를 나눌 때에는 목재로 쓰이는 용재수종, 과일을 거두는 유실수종, 정원이나 가로수에 이용되는 조경수종, 약재 등에 사용되는 특용수종, 공해에 강한 내공해수종, 음지에서도 잘 자라는 내음수종, 불에 강한 내화수종 등으로 구분을 하는데 본 사전은 한글 자음 순으로 정렬하고자 한다.

현재 사용되고 있는 의약품의 30~40%가 생물자원 및 수목자원에서 유래한 천연 물질을 원료로 하고 있음을 감안한다면 수목에서 추출성분의 분리와 이에 대한 여러 가지 생리활성 효과에 관한 연구는 매우 중요하며 지속적으로 이루어져야 할 것이다. 따라서 수목을 단지 목재로만 이용한다는 과거의 1차원적인 시각에서 벗어나 이제는 수목으로부터 생리활성을 가진 활성성분을 분리하여 부가가치가 높은 기능성 신소재를 생산할 수 있다는 보다 고차원적인 시각으로 수목을 보아야 할 것이다.

엮은이

나무용어 사전

수관(樹冠 crown) : 수목 중 가지와 잎이 무성한 부분. 나무갓

수간(樹幹 stem bole trunk shaft) : 줄기

수고(樹高) : 나무의 높이.

지하고(枝下高 clearlength) : 수관 이하의 가지가 없는 수간의 길이.

미래목(未來木) : 장래에 좋은 수목으로 될 수 있는 나무.

방해목(妨害木) : 주위의 수목에 해를 끼치는 나무.

중용목(中庸木) : 다른 수목에 해를 끼치지도 않고, 해를 받지도 않은 나무.

보호목(保護木) : 주립목을 보호하기 위해 주립목의 주위에 식재된 나무.

식재(植栽 planting) : 나무심기

음수(陰樹 tolerant tree shadebearer) : 유시에 비교적 응달에 견딜 수 있는 성질을 가진 나무.

양수(陽樹 sun tree, intolerant tree) : 소나무, 해송, 자작나무, 사시나무, 낙엽송 등 양생식물, 비교적 다량의 햇볕을 요구하는 수종. 일명 선구수종.

중용수(中庸樹) : 수광량에 그다지 좌우되지 않는 수종.

교목(喬木 tree) : 고목. 보통 한 개의 주간(excurrent)을 가지고 있다.

관목(灌木 shrub) : 저목. 줄기와 수관의 구별이 명백하지 못하고 대체로 키나 낮은 나무들.

지피식생(地被植生) : 임업적 용도보다는 땅을 덮고 있는 지피물에 가까운 식생.

지피물(地被物 soil covering surface) : 주로 임지를 덮고 있는 유기물질.

아교목(亞喬木) : 교목과 관목의 중간형태의 수종. 예) 단풍나무 등

원구(元口 butt end, large end) : 통나무)에 있어서 근부에 가까운 굵은 쪽의 횡단면(목구).

말구(末口 topend small lend) : 통나무(원목)의 작은 쪽의 단면.

말구직경(末口直徑 : smallend diameter) : 둥근 나무 토막에 있어서 작은 쪽(끝쪽)의 직경.

그루터기 : 나무를 베고 남은 밑 둥지만 남은 나무.

형성층(부름켜 / 形成層 / formative tissue cambi) : 수목의 부피생장을 하는 곳.

지타(枝打 pruning, lopping, trimming) : 수관을 구성하는 가지(branch)의 일부를 계획적으로 끊어주는 조림작업 행위. 가지치기

생가지치기(green pruning) : – 죽은 가지치기의 반대어.

자연낙지 : 가지가 저절로 떨어지는 현상

치수(稚樹 young growth reproduction) : 천연생의 작은 수목.
치수 무육(稚樹撫育 tending of young) : 어린나무를 가꾸는 작업. 어린나무 심기
무육(撫育 : tending care) = 보육.

만경류 제거 : 덩굴치기
모수(母樹) : 어미나무

맹아(萌芽 : sprout) : 그루터기에서 자라 나온 새순.
간맹아(幹萌芽 : stump sprout) : 줄기에서 나오는 움돋이.
근맹아(根萌芽 : root sprout) : 뿌리조직에서 나온 움돋이.
주맹아(株萌芽 : stool shoot) : 간부맹아. 근부 맹아(sucker)의 반대어.
잠아(潛芽 : latent bud, dormant bud) = 휴면아.
맹아력 : 식물에 새로 싹이 트는 힘

임연부(林緣部) : 수풀의 둘레 부분.
선목(選木) : 나무를 고르는 것.
장기수(長期樹) : 나무의 생장이 느리고 오랜 시일이 걸려야 경제적 가치를 지니는 수종.
속성수(速成樹) : 나무의 높이가 빨리 자라는 수종.

자웅동주(雌雄同株)=일가화(一家花) : 한 식물에서 암수의 꽃이 모두 피는 식물.
자웅이주(雌雄異株)=이가화(二家花) : 암꽃이 피는 나무와 숫꽃이 피는 나무가 따로 따로있음.
양성화(兩性花) : 한 꽃안에 암술과 수술 모두를 갖추고 있는 꽃.
단성화(單性花) : 암꽃과 수꽃이 분리해서 피는 꽃.

대생 對生 : 식물의 잎이 줄기의 마디마다 두 개씩 마주 붙어 나는 것을 이른다.
호생 互生 : 식물의 잎이 마디마다 방향을 달리하여 하나씩 어긋맞게 나는 잎차례
윤생 輪生 : 식물 줄기의 마디 하나에 세 개 이상의 잎이 돋아나는 것을 이른다.
양체 웅예 兩體雄蕊 : 여러 개의 수술이 두 개의 덩어리로 뭉쳐 갈라져 있는 수술
총생 叢生 : 꽃이나 풀 따위에서 여러 개의 잎이 짤막한 줄기에 무더기로 붙어 남
란형 卵形 : 달걀 모양과 같은 아래위가 긴 둥근형
도란형 : 거꿀 달걀형
상저上底 : 그릇 밑바닥 가운데가 패어 들어가 들려 있는 모양을 한 것

나무용어사전

원저圓低 : 그릇 따위의 바닥이 둥글게 생긴 것

거치鋸齒 : 잎이나 꽃잎 가장자리에 있는, 톱날의 이와 같이 뾰족뾰족하게 베어져 들어간 자국

복산형화서複繖形花序 : 산형 꽃차례의 꽃대 끝에 다시 부챗살 모양으로 갈라져 피는 꽃차례

복총상 화서複總狀花序 : 꽃대가 둘 이상으로 갈라지고, 갈래의 끝 부분에서 각각 총상 꽃차례를 이루며 피는 화서

산형화서(傘形花序) : 우산모양꽃차례

원추화서(圓錐花序) : 고깔꽃차례

미상 화서尾狀花序 : 가늘고 긴 주축에 단성화(單性花)가 달리고, 밑으로 늘어진 모양을 하고 있다.

밀추화서(密錐花序) : 송곳이 빽빽이 솟은 듯한 꽃차례

수상화서(穗狀花序) : 한 개의 긴 꽃자루에 여러 개의 꽃이 이삭처럼 붙어 피는 꽃차례

장과(漿果 : 살과 물이 많고 씨가 있는 열매)

핵과(核果): 알갱이열매

조류산포(鳥類散布) : 새에 의해 번식하는 것.

충매화(蟲媒花) : 곤충에 의해 꽃가루가 운반되어 가루받이가 이루어지는 꽃.

정아頂芽 : 식물의 줄기나 가지 끝에 생기는 눈

조거치연(粗鋸齒緣) : 거친 톱니 모양

화탁[花托, receptacle] : 꽃받침, 꽃의 구성 요소 중에서 가장 바깥쪽에 꽃잎을 받치고 있는 꽃의 보호 기관의 하나, 흔히 녹색이나 갈색

기수우상복엽奇數羽狀複葉 : 한 개의 잎줄기 양쪽에 여러 개의 작은 잎이 새의 깃 모양으로 늘어서서 붙어 있는 것

우상 복엽[羽狀複葉] : 잎자루의 좌우에 여러 개의 작은 잎이 새의 깃 모양으로 배열되어 있는 잎

우수우상복엽偶數羽狀複葉 : 짝수깃꼴겹잎

기수우상복엽(奇數羽狀複葉) : 홀수깃꼴겹잎

나무에 대하여

항상 일상에서 대하는 나무이지만 한번쯤 진지하게 생각해 봅시다.
나무가 없는 지구를 생각해 보셨나요?

나무는 진정한 지구의 주인 입니다.
나무는 인류보다도 수 만년 이전 부터 살았고 지금도 일부 나무는 일천 년을 살아 오면서 인류의 흥망사를 모두 바라보았습니다.
나무는 진정 사랑이 넘치는 부모와도 같습니다.
잎이나 꽃, 열매, 그늘, 심지어 나무 밑둥까지 아낌없이 주는 것이 나무 입니다.
나무에 기생 또는 상생하는 동식물은 수도 없이 많습니다.
금속이나 플라스틱이 없던 시절 일상에 필요한 소재를 제공했는가 하면 지금도 나무 만이 주는 독특한 친환경적인 성질의 소재는 어디서도 찾아 볼 수 없습니다.
먹을 것이 없던 시절 나무로 부터 생명을 연장할 수 있었으며 지금도 제약의 원료는 대부분 나무에서 얻어 질병으로 부터 벗어 날 수 있었습니다.
나무는 신의 영역입니다. 마주나는 잎, 어긋나는 잎, 그리고 암수가 유별한 꽃. 이것도 그냥 우연이 아니라 조물주의 섭리가 숨어 있습니다.
본 책자는 나무를 찾고 소개하는 단순한 기능에 불과하지만 이로 인해 독자가 나무에 대한 관심을 모을 수 있는 계기가 되었으면 하는 바램입니다.
출퇴근길에서 등산길에서 또는 집에서 나무를 보면 친근하게 대화하시기 바랍니다

차례

ㄱ

ㄴ

ㄷ

ㄹ

ㅁ

ㅊ

ㅋ

ㅌ

ㅍ

ㅎ

한국나무도감

ㄱ:

가래나무/가마귀밥여름나무/가문비나무/가시나무/가마귀쪽나무/가막살나무/가이즈까 향나무/가중나무/가침박달/각설대나무/갈기 조팝나무/갈매나무/갈참나무/감나무/감탕나무/개꽃나무/개나리/개다래/개머루/개박달나무/개벚나무/개비자나무/개산초/개살구나무/개서어나무/개쉬땅나무/개오동나무/개옻나무/개회나무/갯버들/거제수나무/검양옻나무/겹벚나무/계수나무/고광나무/고로쇠나무/고욤나무/곰솔/공로목/공작단풍나무/광나무/구상나무/구지뽕나무/굴거리나무/굴참나무/굴피나무/귤나무/금목서/금송/긴잎 느티나무/긴잎 다정큼나무/꽃댕강나무/꽃석류나무/꽝꽝나무

1. 가래나무

과명 : 가래나무과
학명 : Juglans mandshurica Max.
생육지역 : 우리나라 전지역
(소백산, 속리산 이북의 표고 100~1,500m의 계곡에 자생)
원산지 : 중국, 대만, 시베리아, 한국
성상 : 낙엽활엽교목
수형 : 원정형
개화기 : 4~5월
화색 : 적색,녹색
수고 : 20m
결실기 : 10월

외형적 특성

잎 :

잎은 기수우상복엽으로 나며 소엽은 7~17매이고 장타원형 또는 난상 타원형으로 예두이고 이그러진 아심장저이다. 소엽은 길이 7~28㎝, 넓이 5~10㎝로 가장자리에 잔 거치가 있으나 점차 없어진다.

꽃 :

꽃은 자웅일가화로 5월에 피며 수꽃은 길이 10~20㎝로 길게 늘어져 피고, 암꽃은 가지 끝에 4~9개가 피며 주두는 빨갛다.

열매 :

열매는 길이 4~8㎝로 9~10월에 익고, 핵과는 난원형으로 예첨두이며 길이 4~4.5㎝이다. 외과피와 엽병에 선모가 밀생하고 내과피는 흑갈색으로 매우 딱딱하고 8개의 능각사이는 요철이 매우 심하다. 핵의 내부는 2실이다.

수피 및 가지 :

줄기가 곧바로 자라며 가지는 굵게 자란며 소지에 선모가 있다. 수피는 회색이고 세로로 갈라진다.

가치 / 용도

녹음수나 독립수, 공원수로 알맞다.
지저분한 열매를 떨구고 가을의 단풍이 볼품이 없으며, 겨울에도 별로 특징이 없다.
가래나무는 추운 지역에서는 생장이 왕성하지만 따뜻한 곳에서는 생장이 불량하다. 토양습도가 높은 곳을 좋아하고 정체수가 있는 토양에서는 생육이 불량하다.

2. 가마귀밥여름나무 (까마귀밥여름나무)

과명: 범의 귀 과
학 명 : Ribes fasciculatum var.chinense Max.
생육지역 : 전국의 표고 100~900m 사이 산야의 계곡이나 산록에서 자생.
원산지 : 한국, 일본, 중국
성상 : 낙엽활엽관목
수형 : 피복형
개화기 : 4~5월
화색 : 황색
수고 : 1~1.5m
결실기 : 10월
열매색 : 적색

외형적 특성

잎 :

호생하며 둥글고 3~5개로 갈라지고 둔두이며 기부는 심장저 또는 절저로 길이 5~10㎝이고 둔한 거치가 있다. 표면에 털이 없고 뒷면은 담록색이며 엽병과 더불어 융모가 있다.

꽃 :

자웅이가화로서 엽액에 여러 개가 달리고 수꽃은 소화경이 길며 꽃 받침통은 술잔 모양이고 꽃 받침잎은 황색이며 난상 타원형으로 젖혀진다. 암꽃의 자방은 도란형이고 꽃잎은 도삼각형이며 황색이다.

열매 :

과육은 쓴맛이 있으나 식용하기도 한다. 1개의 열매에 10여개의 종자가 들어 있으며 길이 4~5㎜이다.

수피 및 가지 :

밑에서 많은 줄기가 올라오고 근맹아가 많이 발생한다. 가지에 가시가 없으며 어린 가지에 털이 있다가 점차 없어진다.

가치 / 용도

잣나무 털 녹병의 중간기주로 이 나무가 많이 자생하는 지역에는 잣나무 조림을 피해야 한다. 맹아력이 강하고 수형이 미려하며 주홍색 열매를 가져 예쁜 생울타리를 만들 수 있으며, 정원수나 꽃꽂이 소재로도 훌륭하다.

3. 가문비나무

과명: 소나무과
학 명 : Picea keoensis Carr.
생육지역 : 지리산, 덕유산, 설악산, 금강산, 백두산 등에 자생
원산지 : 한국, 일본, 중국, 만주
성상 : 상록침엽교목
수형 : 원추형
개화기 : 5~6월
화색 : 연한자주색
수고 : 40m
결실기 : 9~10월
열매색 : 황녹색

외형적 특성

잎 :

잎은 편평한 선형 예두이고, 길이 1~2㎝, 나비 약 1.5㎜로서 조금 구부러져 있으며 뒷면에 백색 기공조선이 발달한다. 잎의 횡단면 양측 가장자리에 송진구멍이 있다.

꽃 :

꽃은 자웅일가화로 수꽃은 길이 1.5㎝의 원통형이고 황갈색이며, 암꽃은 길이 1.5㎝이고 달걀모양의 타원형이다

열매 :

열매는 길이 4.0~7.5㎝의 구과로 원주형이며 밑으로 늘어지고 처음에는 상향하고 있다가 나중에 하향하게 된다. 종자에 날개가 있다.

수피 및 가지 :

수형은 원추형으로 첨단이 뾰족하고, 수피는 회갈색이며 종(縱)으로 갈라져 비늘처럼 벗겨진다. 새가지는 담황색으로 털이 없고 매끈한 편이며 잎이 떨어진 자리가 돌출하여 있다.

가치 / 용도

가문비나무속에 속하는 식물들의 목재는 재질이 연하고 부드러워 이상적인 목재가 되며, 제지산업에서 펄프를 만들 때 널리 쓰인다. 또 배의 돛대나 상자, 건축자재로도 이용하며 껍질에서 수지, 타닌, 테레빈유를 얻기도 한다.

4. 가시나무

과명: 참나무과
학명 : Quercus myrsinaefolia Blume
생육지역 : 남해안, 제주도, 남해도서지방에 자랄 수 있다
원산지 : 한국, 중국, 일본
성상 : 상록활엽교목
수형 : 원정형
개화기 : 4~5월
수고 : 15m
결실기 : 10월

외형적 특성

잎 :

호생, 장타원상 피침형, 점첨두, 예저로 잎 상반부 가장자리 또는 전가장자리에 10개이상의 둔하고 낮은 거치가 있다. 길이 7~12㎝, 넓이 2~3㎝로 측맥은 11~15쌍이며 표면은 털이 없고 윤채가 있으며 뒷면은 회백색으로 털이없고 엽맥이 튀어나오지 않았다. 엽병은 길이 1~2㎝이다. 종가시나무는 난상타원형이며 중반부이상 부위에 5개안팎의 예거치가 있고 뒷면에 털이 있으며 엽맥이 튀어나왔다.
개가시나무・돌가시나무(Q. gilva Blume)의 잎은 도란형 또는 도피침형으로 잎의 뒷면에 황갈색털이 밀생한다.

꽃 :

꽃은 일가화로 웅화서는 길이 10㎝정도로 전년지 엽액에서 밑으로 처지고 많은 수꽃이 달리며 자화서는 새가지의 엽액에서 곧추 선다.

열매 :

견과는 난상 타원형으로 길이 1.5~1.7㎝로 각두는 반구형이고 6~7층의 동심원층이 있으며 견모가 있다.

수피 및 가지 :

줄기는 곧게 올라가 둥글게 자라며 수피는 회흑색이고 큰 나무가 되어도 갈라지지 않는다.

가치 / 용도

난대림의 대표적인 수종으로 웅대한 수형이 특징이고 내온성이 강하고, 또한 전정이 되므로 여러 가의 모습을 만들 수 있다.
남부지방에서 생육하며, 맹아력이 강하고 전정에 강하여 키가 큰 생 울타리로 키울 수 있어 공원수, 정원수, 방풍수, 방화수, 생 울타리용, 녹음수, 풍치수로 이용할 수 있다.

5. 가마귀쪽나무 (까마귀쪽나무)

과명: 녹나무과
학 명 : Litsea japonica Juss.
생육지역 : 울릉도, 제주도 등 남부해안 지방에서 자생.
원산지 : 한국, 일본
성상 : 상록활엽교목
수형 : 원정형
개화기 : 5~6월
화색 : 황백색
수고 : 7m
결실기 : 다음해10월
열매색 : 자벽색

외형적 특성

잎 :

잎은 상록성으로 호생하고 가지끝에서는 여러 개가 모여서 달리며 장타원형이고 거치가 없으며 두꺼운 혁질이다. 표면의 중륵에 털이 없으며 광택이 있고 뒷면은 갈색의 털이 밀생한다. 길이 8~15㎝, 엽병의 길이는 2~3.5㎝이다.

꽃 :

꽃은 잎겨드랑이에서 짧은 화경을 지닌 복산형화서가 발달하고 자웅이가화로 암나무 수나무가 따로 있으며 화피편은 6개이고 수술은 9~12개이다.

열매 :

열매는 핵과로 길이 1.5~1.8㎝, 지름 1.2㎝의 타원형이며 털이 없고, 이듬해 10월에 벽자색으로 익는다.

수피 및 가지 :

수피는 짙은 갈색이고 조각으로 떨어지지 않으며 소지에 털이 있다.

가치 / 용도

해풍에 강하고 어릴 때 생장이 빠르므로 해변의 방풍수나 방조수로 적합하며 광택이 나고 비로도 같은 털이 밀생하는 잎이 아름다워 제주도 지방 등 해변에 새로운 가로수, 관상수로 유망한 수종 이다.
바닷가에 흔히 자라고 있으며 인가부근에 정원수, 방풍수로 심고 있다.

6. 가막살나무

과명: 인동과
학 명 : Viburnum dilatatum Thunb.
생육지역 : 중부 이남의 산야에 자생
원산지 : 한국
성상 : 낙엽활엽관목
수형 : 선형
개화기 : 5월
화색 : 백색
수고 : 3m
결실기 : 9월
열매색 : 적색

외형적 특성

잎 :

대생하며 길이 6~12㎝로서 아원형, 난상원형 또는 넓은 난형이며 갑자기 좁아진 점첨두이고 원저 또는 아심장저이며, 성긴 거치가 있다. 잎의 양면에 성모가 있으며 뒷면에 선점이 있다. 엽병은 길이 6~20㎜이고 탁엽이 없다.

꽃 :

복산형 화서가 가지 끝에 달리며 화서에 성모와 선점이 있으며 화관에는 성모가 있고 수술이 화관보다 길다.

열매 :

핵과로서 넓은 난형이며 지름 8㎜이다.

수피 및 가지 :

줄기는 회갈색으로 어린가지는 약간 각이 있고 별모양의 털로 덮여 있다.

가치 / 용도

우리나라에는 잘 알려져 있지 않지만, 외국에는 널리 알려진 우리나라 특산수종으로 5월에 피는 백색 꽃이 좋으며 가을의 열매는 광택이 있어 멀리까지도 빛나며 관상가치가 높다. 가을의 열매를 감상할 만하다.

7. 가이즈까 향나무

과명: 측백나무과
학 명 : Juniperus chinensis var. kaizuka
생육지역 : 우리나라 전지역
원산지 : 일본
성상 : 상록침엽교목
수형 : 원추형
개화기 : 4월
화색 : 자갈색
수고 : 10m
결실기 : 다음해 9월

외형적 특성

잎 :

잎은 밀생하고 대부분이 인엽이지만(향나무는 대부분이 침엽) 아주 드물게 침상의 것도 있다.

꽃 :

이가화로 암꽃은 구형으로 지름이 1.5㎜이며 황색이고, 수꽃은 타원형으로 길이 3㎜이 다.

열매 :

구과는 구형 또는 편구형으로 종자는 길이 6㎜, 지름 3.7㎜로 다갈색이다.

수피 및 가지 :

향나무와 거의 동일하다.

가치 / 용도

바닷가에서 내륙지역까지 어느 땅이나 가리지 않고 잘 자라 정원수, 공원수, 독립수, 생울타리 용도로 적합하다.
향나무와 함께 우리나라에서 남용되고 있는 수종중의 하나이다.
대부분의 침엽수와 마찬가지로 시선을 하늘로 끌어 올리므로 정형적인 공간에서 강조용 독립수로 적합하며 열식하여 차폐용이나 생 울타리용 수벽 조성으로도 이용한다.
기초 식재용으로는 수고가 너무 높고 겨울철에는 건물에 그늘을 만들어 기초 식재용으로의 이용은 앞으로 제한될 전망이다.

8. 가중나무 (개가죽나무)

과명: 소태나무과
학명 : Ailanthus altissima Swingle
원산지 : 중국
성상 : 낙엽활엽교목
수형 : 원정, 원추형
개화기 : 5~7월
화색 : 백녹색
수고 : 20m
결실기 : 9월
열매색 : 갈색

외형적 특성

잎 :

잎은 호생하며 기수1회우상복엽으로 길이 40~80㎝이다. 소엽은 13~25개의 넓은 피침상 난형이고 점첨두, 원저이며 길이 7~13㎝, 넓이 약 5㎝로 차례로 붙어 있고 소엽 아래쪽에 2~4개의 거치가 있으며, 표면은 진한 녹색, 뒷면은 담녹색이고 털이 없다. 각 거치의 끝에 선점이 있는 것이 특징이다.

꽃 :

꽃은 자웅이가화이며 지름 7~8㎜이고 원추화서는 가지 끝에 달리고 길이가 10~30㎝로서 털이 없다.

열매 :

열매는 시과로 적갈색이고 얇으며 피침형으로서 길이 3~4㎝, 넓이 1㎝내외로 날개 가운데 종자가 달린다.

수피 및 가지 :

겨울에 잎이 다 떨어졌을 때 가지를 보면 마치 사람의 손바닥을 하늘을 향해 약간 오므리고 있는 형태를 하고 있다.

가치 / 용도

공원수, 공장조경용, 녹음수, 경관수, 독립수로 이용이 가능하다.
자웅이주로서 수꽃은 냄새가 나기 때문에 가능한 한 암나무를 식재하는 것이 바람직하다.
특히 공해에 아주 강하고, 척박한 지역에서 잘 자라기 때문에 도시의 가로수나 녹음수로 적합하며, 생장이 빠르고 염해에도 강하기 때문에 해변가의 식재에도 알맞다.
중국에서 도입하여 전국의 가로수, 황폐된 임야의 경계지, 주택주변에 많이 식재하고 있다.

9. 가침박달 (까침박달)

과명 : 장미과
학명 : Exochorda serratifolia S. Moore
생육지역 : 경북, 충북 이북의 북쪽 지역 표고 100~400m사이의 산록과 계곡에 자생.
원산지 : 한국
성상 : 낙엽활엽관목
수형 : 원주형
개화기 : 5월
화색 : 백색
수고 : 1-5m
결실기 : 9월

외형적 특성

잎 :

호생하며 타원형 또는 도란상 타원형이며 첨두이고 기부는 설저로 길이 5~9㎝이다. 잎의 상반부에 예거치가 있고, 잎의 양면은 털이 없으며 표면은 녹색이고 뒷면은 회백색이다.

꽃 :

양성으로 정생하는 총상화서에 3~6개씩 달리며, 꽃의 지름은 4㎝이고 꽃잎은 5개로 끝이 오목하다.

열매 :

익으면 삭과 뒷면이 터지면서 종자가 나오고 종자에는 날개가 있다.

수피 및 가지 :

회갈색이며 소지는 붉은빛이 도는 갈색이고, 털이 없으며 백색 피목이 산재한다.

비고 :

털까침박달(var. oligantha Nak) : 잎의 뒷면에 털이 있는 것.

가치 / 용도

새하얀 꽃은 우아하고 화려하며 붉은 구슬같은 꽃봉오리가 터지면서 은은한 향기를 발산한다. 외국에서는 까침박달의 꽃을 높이 평가하고 있으며 우리나라에서도 개발할 만한 가치가 높은 수종이다.
정원이나 공원의 관상수, 조경수로 가치가 높으며 꽃꽂이 소재로도 좋다.

10. 각설대나무 (히어리,송광납판화)

과명 : 조록나무과
학명 : Corylopsis clreana Uyeki
생육지역 : 우리나라 특산으로 남해도, 지리산, 수원 광교산, 포천 백운산의 산록에서 자생.
원산지 : 한국
성상 : 낙엽활엽관목
수형 : 선형
개화기 : 3~4월
화색 : 황녹색
수고 : 1~5m
단풍색 : 황색
결실기 : 9~10월

외형적 특성

잎 :

잎은 호생으로 난상원형이고 점첨두 심정저이며 길이는 5~9㎝, 폭은 4.5~8.2㎝정도로 예리한 거치가 있고 표면은 녹색, 뒷면은 회백색이다. 엽병의 길이는 1.5~2.8㎝정도로 잎과 함께 털이 없다.

꽃 :

잎보다 먼저 전년의 가지 끝이나 마디에서 피며 총상화서이다. 화서는 아래로 드리워지며 처음에는 길이 3~4㎝이지만 꽃이 핀 다음 7~8㎝로 되며 8~12개의 작은 꽃이 초롱 모양으로 늘어져 핀다.

열매 :

열매는 삭과로 털이 많고 익으면 2개로 갈라지고 4개의 검은 종자가 나온다.

수피 및 가지 :

뿌리에서 맹아가 많이 올라와 큰 집단을 형성한다. 작은 가지는 황갈색으로 수피에 백색의 피목이 발달한다.

가치 / 용도

엽맥이 뚜렷한 심장형의 잎과 줄기의 흰색반점이 특이하고 이른 봄의 노란색 꽃도 아름답고 가을의 황금색 단풍도 아름다워서 정원수, 공원수, 관상수로 이용가치가 있다

11. 갈기 조팝나무

과명 : 장미과
학명 : Spiraea trichocarpa Nakai
생육지역 : 충주, 단양, 제천, 평창의 산기슭과 계곡에 자생
원산지 : 한국
성상 : 낙엽활엽관목
수형 : 원주형
개화기 : 5–6월
화색 : 백색
수고 : 1–1.5m
결실기 : 9–10월

외형적 특성

잎 :

호생하고 타원형, 긴 타원형 또는 도피침형이며 둔두 또는 약간 예두이고 길이 2~5cm로서 예저이며 화지의 잎은 톱니가 없으나 맹아의 잎은 끝에 몇 개의 톱니가 있고 양면에 털이 없으며 뒷면은 흰빛이 돈다.

꽃 :

지름 7~9mm로서 지름 5cm의 복산방화서가 새가지 끝에 달리고 소화경과 꽃받침통에 잔털이 있다. 꽃받침 잎은 벌어지며 꽃잎은 둥글고 요두이며 수술은 20개정도로서 꽃잎과 길이가 비슷하다.

수피 및 가지 :

가지에 능각이 있으며 털이 없다.

가치 / 용도

눈부신 흰꽃과 꽃봉오리가 진주같이 아름다워 일명 진주화라 불리기도 한다.
꽃봉오리가 한 달 간 피고 지어 관상기간이 길고 가을의 갈색 털에 쌓인 열매도 아름다워 조경용 소재로 이용가치가 높다.

12. 갈매나무

과명: 가래나무과
학명 : Juglans mandshurica Max.
생육지역 : 우리나라 전지역(소백산, 속리산 이북의 표고 100~1,500m의 계곡에 자생)
원산지 : 중국, 대만, 시베리아, 한국
성상 : 낙엽활엽교목
수형 : 원정형 과: 갈매나무과
학 명 : Rhamnus davurica Pall.
생육지역 : 각처의 산골짜기 및 하천가에서 자란다
원산지 : 한국
성상 : 낙엽활엽관목
수형 : 원정형
개화기 : 5~6월
화색: 황녹색
수고 : 5m
결실기 : 9~10월
열매색 : 흑색

외형적 특성

잎 :

호생하고 길이 5~10cm, 넓이 2~5cm의 긴타원형으로 잎 끝은 뾰족하며 엽저는 예저이다. 엽맥에 털이 있고 뒷면은 회록색이다.

꽃 :

암수딴그루로서 가지의 밑부분 엽액에 1~2개씩 핀다.

열매 :

지름 7mm의 원형이고 2개의 종자가 들어 있다.

수피 및 가지 :

수피는 회백색으로 무늬가 옆으로 난다.

가치 / 용도

맹아력이 왕성하며 가지에 나는 소지가 가시모양으로 되기 때문에 생 울타리 용도로 적합하다.

13. 갈참나무

과명 : 참나무과
학명 : Quercus aliena Blume
생육지역 : 전국 산야의 표고 50~1,000m에서 자생
원산지 : 한국, 일본, 중국
성상 : 낙엽활엽교목
수형 : 원정형
개화기 : 5월
화색 : 녹황색
수고 : 25m
단풍색 : 황적색
결실기 : 10월
열매색 : 갈색

외형적 특성

잎 :

잎은 호생하며 타원상 도란형 또는 타원형으로 길이 5~30㎝, 넓이 3~19㎝정도이며, 1~3㎝의 적색 또는 황색을 띠는 엽병이 있다. 둔두, 예저이고 가장자리에 둔한 치아상 또는 예거치가 있다. 양면에 처음에 털이 있으나 표면의 것은 곧 없어지고 뒷면은 회백색으로 2~7개로 갈라진 성모가 있다.

꽃 :

꽃은 자웅일가화로 웅화서는 길게 늘어지고 자화서는 곧추선다.

열매 :

꽃이 핀 그 해에 익는다. 견과는 타원형으로 길이 6~23㎜, 지름 7~16㎜이며 끝부분에 털이 있다. 각두는 낮은 접시모양으로 바깥부분에 삼각상의 포린으로 덮였다.

수피 및 가지 :

수피는 회색으로 그물처럼 얕게 갈라지며, 동아에는 털이 있다. 어린 가지는 담록색으로 처음에는 털이 있지만 곧 없어진다.

가치 / 용도

생장이 빠르고, 수형이 웅대하며 잎이 깨끗하여 녹음수로 적당하다.
특히 가을에 황색에서 적색으로 변하는 단풍이 아름답다.

14. 감나무

과명 : 감나무과
학 명 : Diospyros kaki Thunb.
생육지역 : 경기 이남의 인가부근에 과수용으로 재배
원산지 : 한국, 중국, 일본
성상 : 낙엽활엽교목
수형 : 원정형
개화기 : 5~6월
화색 : 황백색
수고 : 15~20m
단풍색 : 적색
결실기 : 10월
열매색 : 황홍색

외형적 특성

잎 :

호생하며 혁질이고 길이 7~17㎝, 넓이 4~10㎝로서 도란형 또는 넓은 타원형이며 첨두이거나 둔두이며, 예저이거나 원저이고 가장자리는 밋밋하다.

꽃 :

양성화 또는 단성화로서 엽액에 달린다. 수꽃은 길이가 1㎝로서 16개의 수술이 있으나 양성화에는 4~16개의 수술이 있다. 암꽃에서 암술은 길이1.5~1.8㎝이며 자방은 8실이다.

열매 :

열매는 난상 원형이며 또는 편구형이고 지름 4~8㎝이다.

수피 및 가지 :

수피는 콜크화되며 잘게 갈라지고 회흑갈색으로 어린 가지에 갈색 털이 있다.

가치 / 용도

넓은 광택 있는 잎, 굴곡이 있는 줄기, 자연스러운 수형, 가을에 빨갛게 익은 감이 주렁주렁 달려있는 모습은 우리나라 전통조경양식에 어울리는 대표적인 조경 수목으로 꼽을 만큼의 아름다움이 있다. 녹음수로 이용하고 주택정원, 공원의 경관수로도 이용하며 단식은 물론 군식하여도 좋다.

15. 감탕나무

과명 : 감탕나무과
학명 : Ilex integra Thunb.
생육지역 : 제주, 전남, 경남북의 해안, 도서지방의 표고 100~700m에서 자람.
원산지 : 한국, 중국, 일본, 대만
성상 : 상록활엽교목
수형 : 원형
개화기 : 3~4월
화색 : 백색
수고 : 10m
결실기 : 8~9월
열매색 : 적색

외형적 특성

잎 :

호생하며 혁질이고 타원형, 장타원형이며 길이 5~10㎝, 넓이 2~3.5㎝로서 양면에 털이 없고 거치가 없으나 2~3개의 거치가 있는 경우도 있다. 급한 예두, 예저이고 엽병은 길이 8~15㎜이다.

꽃 :

이가화로 지름 8㎜이며 암꽃은 1~2개, 수꽃은 여러 개씩 엽액에 달리며 화경은 길이 5~10㎜이다. 꽃받침잎과 꽃잎은 각각 4개이고 수술도 4개로서 수꽃에서는 꽃잎과 길이가 같으며 암꽃에서는 그보다 짧고 암술은 수꽃에서는 훨씬 작아진다.

열매 :

핵과로서 둥글며 지름 1~1.2㎝로 과경은 길이 5~8㎜이다. 겨울 동안에도 열매가 빨갛게 달려있다.

수피 및 가지 :

소지는 굵으며 털이 없고 갈색이 돈다. 가지의 생육밀도는 매우 조밀하다. 조류를 유인하는 끈끈한 액채를 가지에서 분비한다.

가치 / 용도

내한성이 약하여 온대 남부이하에서만 생육하며 수림 하에서의 식재, 특히 조해, 공해에 강하여 해안지역과 공단지역에 녹화와 방화용을 겸하여 심을 수 있으며 차폐 식재용으로도 가능하고 배색은 단식 또는 군식 한다.
호생하는 두터운 잎과 붉은 열매가 매혹적이여 정원이나 공원의 관상수로 사용하기에 적당하다.

16. 개꽃나무 (산철쭉,산철죽)

과명 : 진달래과
학명 : Rhododendron yedoense var. poukhanense Nak
생육지역 : 함경북도를 제외한 전 지역
원산지 : 한국
성상 : 낙엽활엽관목
수형 : 선형
개화기 : 5월
화색 : 적갈색
수고 : 1~2m
단풍색 : 적색
결실기 : 9월

외형적 특성

잎 :

호생하고 길이 3~8㎝, 넓이 1~3㎝인 좁고 긴 타원형으로 양끝이 좁고 가장자리에 톱니가 없으며, 표면에는 털이 드문드문 있고 뒷면에는 갈색 털이 밀생 한다.

꽃 :

가지 끝에 2~3개씩 달리며, 화관은 연한 홍자색이고 지름 5~6㎝로 깔대기 모양이다. 꽃잎의 상단에 검은 반점이 많고, 10개의 수술이 1개의 긴 암술을 감싸고 있다.

열매 :

난형의 삭과로 길이 8~10㎜의 긴 털이 있다.

수피 및 가지 :

가지 밑에서 많은 줄기가 올라와 포기를 만들어 군생하고 소지에는 갈색 털이 있으며 어린 가지와 화경에는 끈적끈적한 액이 있다.

가치 / 용도

꽃은 호화롭고 화사하여 정원이나 공원, 절개사면의 녹화조경으로 훌륭하다.가을의 단풍도 고우며 잎이 진 후의 수형도 좋다.
유묘에서부터 개화하므로 조기 조경효과를 거둘 수 있다.
공원, 정원에 적당하고 도로변에 병목으로 심어도 좋으며, 어느 곳에나 어울리는 나무이다.
꽃은 식용할 수 없으며 먹으면 두통, 구토를 일으켜 위험하다.

17. 개나리

과명 : 물푸레나무과
학명 : Forsythia koreana Nak.
생육지역 : 함경남,북도를 제외한 전 지역에 자생.
원산지 : 한국
성상 : 낙엽활엽관목
수형 : 원형
개화기 : 4월
화색 : 황색
수고 : 3m
단풍색 : 황갈색
결실기 : 9~10월

외형적 특성

잎 :

대생하며 길이 3~12㎝정도이며 피침형 또는 긴 타원형이고 첨두이며 넓은 예저이다. 잎 가장자리의 중앙부 이상에 거치가 있으나 없는 경우도 있다. 엽병의 길이는 1~2㎝이다.

꽃 :

엽액에 1~3개씩의 꽃이 달리고 꽃 받침은 녹색이며 털이 거의 없으며 화관은 길이 1.5~2.5㎝로서 깊게 4개로 갈라지며 열편은 긴 타원형이다.

열매 :

삭과로서 난형이고 종자는 갈색이며 길이 5~6㎜로서 날개가 있다.

수피 및 가지 :

어린 가지는 녹색이나 차츰 회갈색이 되고 특히 피목이 뚜렷하다. 가지 끝은 일반적으로 높은 곳에서는 밑으로 처지며 낮은 곳에서는 위로 자라는 특성이 있다. 지상 부에서 많은 줄기를 나와서 포기를 나누며 가지 속이 비어 있다.

가치 / 용도

우리나라 봄철의 대표적인 꽃나무이다. 일찍 개화하여 조기조경효과를 거둘 수 있다. 정원, 공원 등 아무 곳에나 식재하여도 어울리며 특히 생 울타리를 조성하거나, 불결하거나, 차단을 요하는 곳에 군식하면 좋다. 유사종으로 만리화가 있는데 위로만 자라며 꽃수가 많고 개나리보다 일찍 개화한다.

18. 개다래

과명 : 다래나무과
학명 : Actinidia polygama Max.
생육지역 : 충남을 제외한 전국 각처의 산골짜기. 산림의 가장자리에 자생
원산지 : 한국, 중국, 일본, 사할린
성상 : 낙엽활엽만경목
수형 : 덩굴형
개화기 : 6–7월
화색 : 백색
수고 : 10m
결실기 : 9–10월
열매색 : 황색

외형적 특성

잎 :

호생하고 넓은 난형 또는 타원형으로 점첨두이며, 원저이거나 얕은 심장저이고 낮은 거치가 있다. 잎은 길이 8~14㎝, 넓이 3.5~8.0㎝, 엽병은 길이 3~6㎝정도이며 양면 맥과 엽병에 담갈색털이 있다. 가지끝의 잎은 희게 된다.

꽃 :

자웅이주 또는 자웅동주이며 새로 나온 가지의 상부 엽액에 1~3개씩 달리며 아래로 처진다. 지름 1.5㎝로 향기가 있고, 꽃받침 꽃잎은 5개씩이다.

열매 :

장과로 난상 타원형이고 길이 2~3㎝로 끝이 뾰족하며 약간 꼬부라졌다.

수피 및 가지 :

어린 가지는 처음에 담갈색의 털이 있고, 가지의 골 속은 백색이며 차 있다.

가치 / 용도

새하얀 매화꽃처럼 피는 꽃이 아름다우며 가을에 황적색으로 익는 다래는 관상가치가 충분하다. 새 가지에 녹음이 지면 잎은 바이러스에 전염되어 일부분 하얀 반점이 생겨 더 아름답다. 과육은 달지 않으므로 식용하지 않고 약재로 쓰인다.

19. 개머루

과명 : 포도과
학명 : *Ampelopsis brevipedunculata heterophylla* Hara
생육지역 : 전국의 산야
성상 : 낙엽활엽 만경목
수형 : 덩굴형
개화기 : 6~7월
화색 : 녹색
결실기 : 9월
열매색 : 청색

외형적 특성

잎 :

호생하고 둥글며 끝이 뾰족하고 3~5개로 갈라지며 각 열편에 둔한 치아상 톱니가 있고 점첨두, 아심장저이다. 엽병은 길이 7㎝이고, 잎은 덩굴손이나 취산화서와 대생하며 뒷면 맥위에는 잔털이 있다.

꽃 :

취산화서는 잎과 대생하여 달리며, 화서는 叉狀으로 갈라지고 작은 꽃이 많이 달리며 꽃은 양성으로서 화서의 지름은 3~8㎝이고 화경의 길이는 3~4㎝이다.

열매 :

장과는 둥글고 지름이 8~9㎜이고 갈색 피목이 있다.

수피 및 가지 :

수피는 갈색이며 마디가 굵고 골 속이 백색이다.

가치 / 용도

건조지보다는 습기 있는 땅에서 잘 자라고 바닷가나 도심지에서도 양호한 생장을 보인다.
열매는 둥근 장과로 지름 8~10mm 정도이고 9월에 밝은 남색으로 익는다. 개머루라는 이름은 먹을 수 없는 머루라는 뜻으로 조경용이나 관상용, 울타리나 철망으로 이용한다.

20. 개박달나무

과명 : 자작나무과
학명 : Betula chinensis Max.
생육지역 : 전국의 표고 100~2,000m사이의 산골짜기에 자생. 설악산, 팔공산
원산지 : 일본, 중국, 한국
성상 : 낙엽활엽교목
수형 : 원정형
개화기 : 5월
수고 : 5m
결실기 : 9월

외형적 특성

잎 :

난형 또는 원형으로 첨두이고 원저, 아심장저 또는 예저이다. 길이 약 4cm, 넓이 3cm정도로 단거치가 있고, 잎 표면은 간혹 털이 있으며 뒷면은 맥을 따라 털이 있고 지점이 없다. 측맥은 6~10쌍이지만 보통 8~10쌍이며, 엽병은 짧고 백색 털이 있다. 자작나무속중 잎이 가장 작은 것이 특징이다.

꽃 :

자웅일가화로 수상화서로 개화하며 웅화수는 아래로 처지고 자화수는 난형이며 길이 1.5~2.0cm, 넓이 1.4cm정도로 곧추선다.

열매 :

과수는 길이 1.5~2.0cm의 난형이며 실편은 길이 6mm이고 열편은 선상 피침형이며 털이 많다. 길이 3mm정도로 갈색이고 날개가 거의 없다.

수피 및 가지 :

수간은 밑에서 줄기가 여러 갈래로 갈라져 우산모양을 한다. 수피는 회색으로 벗겨지고 선상의 피목이 옆으로 배열되며 소지는 자갈색이다.

가치 / 용도

내건성이 강하여 건조한 곳에 살며, 바닷가에서의 생육도 양호하나 공해에 약하여 도심지에서의 생장은 불량한 편이다.

잎이 작고 모양이 아름다워 분재 소재로 우수하며, 정원수로도 개발 가치가 있다.

21. 개벚나무

과명 : 장미과
학명 : Prunus leveilleana Koehne
생육지역 : 전국의 산야
성상 : 낙엽활엽교목
개화기 : 4월
화색 : 홍백색
열매색 : 흑색

외형적 특성

잎 :

엽병은 11~18mm로서 털이 없거나 윗면에 잔털이 있으며 2~4개의 밀선이 엽신 기부에 있다. 잎은 난형 또는 좁은 도란형으로 길이5~8cm, 너비2.5~4.4cm로서 점첨두, 원저이다. 예거치가 있으며 잎뒷면에 미모가 있다. 9~10쌍의 측맥이 있다.

꽃 :

2~3개씩 산형화서에 달리며 지름이 3.5cm로서 담도홍색 또는 홍백색을 띤다. 꽃잎은 둥글고 길이 2cm정도로서 끝이 오목하다.

열매 :

열매는 둥글고 지름3.5mm이며 핵은 편평하다.

수피 및 가지 :

어린 가지에 털이 없다.

가치 / 용도

정원수, 가로수 등 관상용으로 이용되며 수피는 세공용 열매는 식용한다.

22. 개비자나무

과: 주목과
학 명 : Cephalotaxus koreana Nak.
생육지역 : 북위 37°이남이며, 서해안 쪽은 38°까지 자라며, 제주도와 울릉도에는 분포하지 않음
원산지 : 한국, 중국, 일본
성상 : 상록침엽관목
수형 : 선형
개화기 : 4월
화색 : 녹색
수고 : 2~6m
결실기 : 8~9월
열매색 : 적색

외형적 특성

잎 :

선형으로 끝이 뾰족하나 비자나무에 비하여 부드러우며 만져도 찌르지 않고, 호생한다. 길이는 3.7~4㎝이고 잎 뒷면은 두 줄의 백색기공선이 있으며 주맥이 양면에 튀어나와 있다. 잎은 4~5년 동안 가지에 달려 있다.

꽃 :

이가화이나 간혹 일가화일 때도 있으며 개화의 시기를 인식하기가 어렵다.

열매 :

육질의 종의로 싸인 붉은 열매는 둥글고 지름 1.7~1.8㎝로 종자는 장타원형이며 갈색이다.

수피 및 가지 :

가지는 윤생하며, 수피는 암갈색이다.

가치 / 용도

주목과 유사한 형태를 지니나 낮은 관목이며 생장이 늦기 때문에 잔디밭 위에 독립수 또는 군식용으로 이용하거나 건물주변의 기초 식재용으로 이용할 수 있어 하층수목으로서 개발할만한 수종이다. 내음성이 강해서 도시의 그늘진 곳의 수림조성에도 이용될 수 있다. 특히 재료 면에서 상록관목이 부족한 우리나라의 현 실정에서 이 수종의 이용이 권장된다. 잎의 질감이 좋고 빨간 열매는 아름다워 관상수로서 가치가 높다.

23. 개산초

과명 : 운향과
학명 : Zanthoxylum planispinum S. et Z.
생육지역 : 난대림의 표고 50~600m사이에서 자람, 때로 중부지방에서도 월동가능.
원산지 : 한국, 일본, 대만, 중국
성상 : 상록활엽관목
개화기 : 5~6월
화색 : 담황색
수고 : 3~4m
결실기 : 9~10월
열매색 : 적갈색

외형적 특성

잎 :

호생하며 우상복엽으로 소엽은 3~7개이고 난형 또는 난상 피침형이다.양끝은 점첨두, 예저이며 길이 3~12㎝, 넓이 1.0~2.5㎝로 가운데의 소엽이 가장크고 가장자리에는 투명한 선점과 작은 거치가 있다. 잎자루는 길이 1~3㎝이며 엽병과 엽축에 넓은 날개가 있다.

꽃 :

자웅이주이고 총상화서 또는 복총상화서로서 액생하며 화서의 길이는 3~4㎝이다.

열매 :

삭과로 공 모양이며 표면에 작은 돌기가 있고 주옥 같은 종의를 뒤집어 쓴 종자가 옆으로 튀어 나온다.

수피 및 가지 :

줄기는 2~3개가 올라와 수형을 만들고 엽병과 1년생 가지의 기부에는 탁엽이 변한 길이 1~2㎝정도의 한 쌍의 편평한 가시가 있다.

가치 / 용도

가을에 익는 열매는 산초 특유의 향기가 나고 진홍색으로 아름다우며 새들의 먹이가 된다. 가지에 가시가 있고 맹아력이 강하여 생 울타리로 적합하다.

24. 개살구나무

과명 : 장미과
학명 : Prunus mandshurica var. glabra Nak.
생육지역 : 강원도 이북의 산지에 주로 생육.
원산지 : 한국, 만주
성상 : 낙엽활엽교목
수형 : 원정 형
개화기 : 4월
화색 : 백색
결실기 : 7~8월
열매색 : 황색

외형적 특성

잎 :

호생하며 넓은 난형 또는 넓은 타원형으로 긴 점첨두이고 기부는 설저 또는 원저로서 길이 5~12㎝정도이다. 가장자리에 불규칙한 복거치가 있다. 양면에 털이 없으나 뒷면 맥액에 잔털이 있다.

꽃 :

잎보다 먼저 피며 담홍색 또는 거의 흰색이다.

열매 :

핵과는 난원형으로 털이 많고 지름이 2~2.5㎝이다. 과육은 핵에서 잘 떨어지며, 떫은 맛이 있다.

수피 및 가지 :

수피에 콜크가 발달하므로 살구나무와 쉽게 구별된다.

가치 / 용도

개살구 꽃은 빛깔이 산뜻하고 꽃피는 기간이 길어 조경용으로 적합하다.
목재는 매끄러운 희 속살이 너무 단단하지도 무르지도 않아 여러 가지 용도로 쓰이며
그 소리가 맑고 은은하여 목탁을 만드는 나무로 가장 좋다.

25. 개서어나무

과명 : 자작나무과
학명 : Carpinus tschonoskii Max.
원산지 : 중국, 일본
생육지역 : 강원도 이남
성상 : 낙엽 활엽 교목
개화기 : 4~5월
결실기 : 10월
수고 : 15m, 지름은 70cm로 자란다.

외형적 특성

꽃 :

일가화로서 웅화수는 대가 없고 포는 털이 없으며 수꽃은 한 포린에 1개씩 달리고 4-8개의 수술이 있다. 자화수는 대가 있으며 암꽃은 각 포린에 2개씩 달리고 각 1개의 자방과 2개의 암술대가 있다. 길이 4-8cm의 화서를 이룬다.

열매 :

과수는 길이 6-7cm로서 중축과 화축에 털이 있으며 포는 길이 7-22mm로서 피침형 또는 난형이고 첨두이며 한쪽에 톱니가 있다. 소견과는 넓은 난형이고 길이 4-4.5mm로서 끝에 잔털이 있으며 9-10월에 성숙한다.

수피 및 가지 :

높이 15m, 지름 70cm이며 수피는 회색이고 울퉁불퉁하지만 터지지 않으며 소지는 털이 있고 백색 피목이 산재한다.

가치 / 용도

목재는 건축재나 기구재, 기계재 등으로 사용된다.

26. 개쉬땅나무 (쉬땅나무)

과명 : 장미과
학명 : Sorbaria sorbifolia var. stellipila Maxim
생육지역 : 우리 나라 전역. 중부 이북의 표고 100~2,200m의 계곡과 산록에서 자생.
원산지 : 한국, 일본, 만주
성상 : 낙엽활엽관목
수형 : 선형
개화기 : 6–8월
화색 : 백색
수고 : 2m
결실기 : 9월

외형적 특성

잎 :

호생하며 기수우상복엽으로 길이 20~30㎝이며, 소엽은 13~23개로 피침형 예첨두이고 길이 6~10㎝, 넓이 1~2㎝로 꼬리처럼길다. 기부는 둥글고 엽병이 없으며 복거치가 있고 표면에는 털이 없으나 뒷면에는 단모와 성모가 있다.

꽃 :

꽃은 양성으로 새 가지 끝의 복총상화서에 달리며 지름 5~6㎜로 꽃받침잎과 꽃잎이 각각 5개씩이다.

열매 :

열매는 5개로 길이 6㎜정도이고 털이 밀생 한다.

수피 및 가지 :

줄기는 땅에서 여러 개로 올라와 큰 포기를 이루며 가지 끝은 아래로 숙인다. 뿌리는 지하경처럼 뻗어 나가며 가지는 총생 한다.

가치 / 용도

군집을 형성하며 여름철 내내 순백색의 꽃이 피어 아름답고, 꽃에는 많은 꿀샘이 있어 밀원식물로 이용된다. 6–7월경 꽃이 귀한 때에 원추형의 흰 꽃송이가 가지 끝에 달려 아름답다. 잎은 다른 수목에 비해 봄에 일찍 나와 푸르러지며 거친 질감효과를 주나 우상으로 곱게 갈라 져 매우 아름답다. 경계식재용, 군식용, 피복형 . 관상용, 산울타리용, 공원수, 정원수 등으로 이용된다.

27. 개오동나무

과명 : 능소화과
학명 : Catalpa ovata G. Don
생육지역 : 중부 이북의 산야
원산지 : 중국
성상 : 낙엽활엽교목
수형 : 원정형
개화기 : 6~7월
화색 : 황백색
수고 : 20m
결실기 : 10~11월

외형적 특성

잎 :

긴 엽병이 있고 잎은 대생하지만 때로는 3매식 윤생한다. 잎길이 10~25㎝ 정도이며 넓은 난형 또는 난원형으로 기부는 심장저이지만 가장자리가 3~5개로 갈라진다. 주맥과 측맥 기부에 검은 지점이 있다.

꽃 :

가지 끝에 원추화서가 나오며 직경 약 3㎝정도이며 5개로 갈라지고 양순이 있으며 안쪽에 황색선과 자주색의 점이 있다. 수술은 4개이며 2개는 완전하고 2개는 퇴화되어 있다.

열매 :

삭과로서 길이 30㎝, 직경 5~6㎜정도로서 종자의 양 끝에 털이 있다.

가치 / 용도

황백색의 꽃이 아름답고
공해에 강하기 때문에 각 지역의 가로수나 정원수로 적당하다.

28. 개옻나무

과: 옻나무과
학 명 : Rhus trichocarpa Maq.
생육지역 : 전국 산야에 자생.
원산지 : 한국, 일본, 중국
성상 : 낙엽활엽교목
개화기 : 5~6월
화색 : 황녹색
수고 : 7m
단풍색 : 적색
결실기 : 10월
열매색 : 황갈색

외형적 특성

잎 :

호생하며 기수1회우상복엽으로 가지 끝에 모여 달리고 길이 25~45㎝이며 13~17매의 소엽으로 구성된다. 소엽은 난형 또는 난상 장타원형으로 길이 5~10㎝이며 뒷면에 털이 많고 가장자리는 밋밋하지만 2~3개의 거친 거치가 있는 것도 있다. 엽병은 짧고 붉은색이며, 가을에 붉은 단풍이 든다.

꽃 :

자웅이주로 엽액에서 나오는 원추화서에 달리며 화축에 갈색의 털이 밀생한다.

열매 :

열매는 지름 5~6㎜의 핵과로 편구형이며 가시 같은 털이 밀생한다.

수피 및 가지 :

줄기는 밑에서 2~3개가 올라와 수형을 만들고 수피는 회갈색이며 종으로 줄이 있다. 소지는 갈색의 짧은 털이 있다.

가치 / 용도

가을 음지쪽에서의 진홍색 단풍은 대부분 개옻나무와 붉나무가 차지하는 풍치수 이다.
수액은 독성이 있어 피부염을 일으키므로 조경수로서의 사용은 신중을 기해야 한다.

29. 개회나무

과명 : 물푸레나무과
학명 : Syringa reticulata var. mandshurica Hara
생육지역 : 설악산, 지리산에 자생.
원산지 : 한국, 중국, 일본
성상 : 낙엽활엽관목
수형 : 평정형
개화기 : 6월
화색 : 백색
수고 : 4m
결실기 : 9월

외형적 특성

잎 :

대생하며 길이 5~12㎝, 넓이 3.5~9㎝로서 거치가 없고 난형 또는 넓은 난형이며 급한 점첨두이고 기부는 예저 또는 원저이다. 일본산 회나무와 다른 점은 잎의 양면에 털이 없다는 것이다. 엽병의 길이는 1~2㎝이다

꽃 :

양성화이며 지름 5~6㎜ 로서 향기가 좋다. 전년지 끝에 길이 10~25㎝의 원추화서가 나온다.

열매 :

삭과로서 길이 2~2.5㎝이며 과피에 피목이 산재해 있다.

수피 및 가지 :

가지는 털이 없고 옆으로 퍼지며 어린 가지에 자주 빛이 돈다.

가치 / 용도

전국의 산야에 자생하며 수수이삭같이 커다랗게 피는 꽃이 매혹적이다. 꽃은 상당한 밀원이 있으며 향기도 강하다. 공해, 병충해에 강해 도심의 경관조성에 필요한 나무로서 공원수, 정원수, 밀원 식물에 적합하다.

30. 갯버들

과명 : 버드나무과
학명 : Salix gracilistyla Miq.
생육지 : 전국의 표고 100~1,800m사이의 냇가 저습지에 자생
원산지 : 한국, 일본, 중국
성상 : 낙엽활엽관목
개화기 : 3~4월
화색 : 황색,녹색
수고 : 2~3m
결실기 : 5~6월

외형적 특성

잎 :

호생하고 도피침형 또는 넓은 피침형이며 길이 3~12㎝, 넓이 3~30㎜로 첨두, 예저이다. 표면은 견모로 덮여 있지만 곧 없어지고 가장자리에 둔거치가 있고, 뒷면은 융모가 밀생하며 흰빛이 돌거나 간혹 無毛로 되고 주맥과 측맥이 뚜렷하다.

꽃 :

자웅이가화로 잎보다 먼저 전년 지에 액생하며 웅화수는 길이 3.0~3.5㎝이며 화축에 털이 있고, 포는 난상 장타원형이다. 자화수는 길이 2~5㎝로 난상 타원형이며 털이 있고, 화축에도 털이 있다. 암술대는 약간 적색을 띠며 특별히 길다.

열매 :

종자는 장타원형이고 길이 3㎜정도로 털이 있다.

수피 및 가지 :

뿌리 근처에서 많은 가지가 나오고 가지는 활처럼 휘어진다. 어린 가지는 황녹색으로 털이 있으나 곧 없어진다.

가치 / 용도

하안 및 제방의 방수림 조성에 적당하고, 꽃이 달린 가지는 꽃꽂이 소재로 쓴다. 오수에는 약하나, 조수에는 강하다.

31. 거제수나무

과명 : 자작나무과
학명 : Betula costata Trautv.
생육지역 : 지리산 및 중부이북의 표고 600~2,100m사이의 고산에 자생.
원산지 : 한국, 중국, 시베리아
성상 : 낙엽활엽교목
수형 : 원추형
개화기 : 5~6월
수고 : 30m
결실기 : 9월
열매색 : 암갈색

외형적 특성

잎 :

잎은 난상타원형으로 길이 5~8㎝이며 측맥은 10~16쌍이고 엽병은 길이 8~15㎜이다. 잎 끝은 좁고 길게 뾰족해지며 원저 또는 아심장저이고 중예거치가 있다. 표면은 털이 없거나 때로는 있으며, 뒷면은 선점이 있고 맥상에 털이 있다.

꽃 :

꽃은 5~6월에 개화한다.

열매 :

과수는 난상 타원형으로 길이 2㎝이고 짧은 대가 있어 위로서며 실편의 중앙열편은 길이 6㎜로서 측편의 2배쯤되고 옆 열편은 난형 또는 도란형이다. 소견과는 난형 또는 장난형이며 날개는 열매의 넓이보다 좁고 열매는 날개와 더불어 넓이 3㎜정도 된다.

수피 및 가지 :

수간은 곧게 자라며 가지는 짧고 가늘어서 좁은 수관을 형성한다. 수피는 흰빛 또는 갈백색이 돌며 얇게 종이장 처럼 벗겨지며 가지에 지점이 없고 피목은 옆으로 길며 선상이다.

가치 / 용도

속성수이고, 공해가 심한 서울 같은 도심지에서의 생장도 양호하여 가로수, 풍치수, 공원수로 개발할 만한 가치가 있다.

32. 검양옻나무

과명 : 옻나무과
학명 : *Rhus succedanea* L.
생육지역 : 제주도, 완도, 충남 계룡산의 표고 100~700m에서 자람.
원산지 : 일본, 중국, 태국, 히말라야, 대만
성상 : 낙엽활엽교목
개화기 : 5월
화색 : 황녹색
수고 : 10~13m
단풍색 : 적색
결실기 : 10월
열매색 : 황색

외형적 특성

잎 :

호생하며 가지 끝에 모여 달리는 대형의 기수1회우상복엽으로 길이 30㎝정도이다. 소엽은 7~15매이고 피침형 또는 장타원형이고 점첨두이며 길이 7~12㎝로 예저 또는 둔저이다. 가을에 붉은 단풍이 든다.

꽃 :

원추화서는 엽액에서 나오며 길이 10~20㎝이고 꽃은 잡성으로서 꽃받침잎, 꽃잎 및 수술이 각각 5개씩이다. 암꽃은 5개의 작은 수술과 1개의 자방이 있고 암술대가 3개로 갈라진다.

열매 :

열매는 핵과로 편구형이고 털이 없으며 넓은쪽의 지름 7~10㎜로서 10월에 익는다. 과피에서 밀초를 채집한다.

수피 및 가지 :

산검양 옻나무와 비슷하지만 눈의 인편 외에는 어린 가지나 잎에 전연 털이 없으므로 구별된다.

가치 / 용도

열매를 찌고 압착하여 얻는 기름으로 포를 만들고 각종 연고의 원료로 이용하기도 했으나 현재는 가을의 붉은 단풍이 고와서 풍치수로 이용 된다.

33. 겹벚나무

과명 : 장미과
학명 : Prunus donarium Sieb.
생육지역 : 중부 이남에 식재가능.
원산지 : 일본
성상 : 낙엽활엽교목
개화기 : 5월
화색 : 담홍색
수고 : 10m
단풍색 : 적갈색

외형적 특성

잎 :

잎은 호생하며 도란상 타원형으로 끝이 점점 뾰족해지며 길이 8~12㎝정도이다. 어린잎은 적갈색의 것이 많다.

꽃 :

꽃은 5월초에 잎이 핀 다음 분홍색의 겹꽃이 핀다. 꽃잎은 수십매이며 수술이 1개이고 암술은 퇴화되어 결실하지 못한다(안에 있는 자방과 꽃잎이 모두 꽃잎으로 변하여 겹으로 된 벚꽃이기 때문에 열매가 결실치 못한다).

열매 :

열매는 결실하지 못한다.

가치 / 용도

병충해가 심하여 수명이 짧은 단점이 있다.

34. 계수나무

과명 : 계수나무과
학명 : Cercidiphyllum japonicum S. et Z.
생육지역 : 우리나라 전지역에 생육가능하나 주로 중부이남에서 관상용으로 식재
원산지 : 일본, 중국
성상 : 낙엽 활엽 교목
수형 : 장타원형
개화기 : 4~5월
화색 : 담 자 색
수고 : 25m
단풍색 : 황색, 자색
결실기 : 10~11월

외형적 특성

잎 :

대생하고 넓은 난형이며 끝이 둔하고 기부는 심장저이다. 길이와 넓이가 3~7㎝로 표면은 녹색이고, 뒷면은 분백색이며 5~7개의 장상맥이 있다. 가장자리에 둔한 거치가 있고 엽병은 길이 2.0~2.5㎝로 붉은 빛이 돈다.

꽃 :

이가화로 잎이 피기 전 4~5월에 각 엽액에서 1개씩 꽃받침과 화관이 없는 향기가 있다.

열매 :

삭과로서 3~5개씩 달리며 길이 15㎜정도로 굽은 원주형이고 종자는 납작하며 한쪽에 날개가 있고 길이 5.0~6.5㎜이다.

수피 및 가지 :

수피는 붉은 갈색으로 세로로 얇게 갈라져 벗겨진다. 소지는 대생하며 동아는 자홍색이다.

가치 / 용도

꽃의 향기와 가지의 모양이 우아하며 가을의 단풍이 아름다워서 관상가치가 높아 중부이남에서 주로 관상용으로 식재하고 있다.
지표부근에서 여러 개의 줄기가 나오나 어릴 때 제거하여 하나의 줄기로 키우면 좋은 녹음수, 가로수 및 독립수가 될 수 있다. 토양수분이 풍부하여야 생육이 잘되며 건조한 토양에서는 잘 자라지 못하는 단점이 있다.

35. 고광나무

고광나무 ▼

과명 : 범의귀과
학명 : Philadelphus schrenckii Rupr.
생육지역 : 전국의 산야 표고 150~1,250m에서 자생.;
원산지 : 한국, 중국
성 상 : 낙엽활엽관목
수형 : 피복형
개화기 : 4~5월
화색 : 백색
수고 : 2~4m
결실기 : 9~10월

외형적 특성

잎 :

대생하며 난형 또는 타원형으로 점첨두이고 넓은 예저이며 가장자리에 뚜렷하지 않은 거치가 있다. 길이 7~13㎝, 넓이 4~7㎝이지만 열매가 달리는 잎은 길이 4.5~7㎝, 넓이 1.5~4㎝정도이다. 표면은 녹색으로 거의 털이 없으나 뒷면은 담록색으로 맥상에 잔털이 있다.

꽃 :

총상화서로 잔털이 있고 5~7개의 꽃이 피며 지름 3.0~3.5㎝의 꽃이 피어 향기로운 백색의 꽃잎과 노란색 수술이 아름다운 조화를 이룬다. 화주는 4개로 갈라져 있으며 기부에 잔털이 있다.

열매 :

열매는 길이 6~9㎜, 지름 4~5㎜의 삭과로 타원형이고 끝이 뾰족하다.

수피 및 가지 :

소지에 다소 털이 있고 2년지는 회갈색이며 껍질이 벗겨진다.

가치 / 용도

봄에 새로 나는 잎과 순은 나물로 사용하고 우거진 포기속에서 우아하게 피는 야생적인 꽃은 매력을 갖는다.
수하의 하목으로 식재하면 복층미가 있다.
아직 우리나라에서는 조경용으로 많이 쓰이고 있지 않으나 척박한 토양에서도 잘 자라기 때문에 장차 많이 이용될 수 있는 화관목이다.
독립수, 경계식재용, 생울타리 및 차폐용으로 적합하다.

36. 고로쇠나무

과명 : 단풍나무과
학명 : Acer mono Max.
생육지역 : 각처의 산록부나 계곡부의 비옥 습윤한 지역(전국의 표고 100~1,800m에 자생).
원산지 : 한국, 중국, 일본
성상 : 낙엽활엽교목
수형 : 원형, 타원형
개화기 : 5월
화색 : 황녹색
수고 : 20m
단풍색 : 황색
결실기 : 10월

외형적 특성

잎 :

대생하고 둥글며 5~7개로 갈라지고 지름 7~15㎝로 아심장저 또는 원저이다. 열편은 난상 삼각형으로 끝이 뾰족하고 가장자리에 톱니가 없으며 4~12cm 의 긴 엽병이 있다. 가을에 황색 또는 붉은색 단풍이 든다.

꽃 :

자웅동주로 지름 5~7㎜이고, 새가지 끝에서 산방화서로 달린다.

열매 :

시과로 길이 2~3cm 정도이고, 예각으로 벌어진다.

수피 및 가지 :

수간은 곧으며 웅대하게 퍼지고, 수피는 회청색이며, 소지는 회황색으로 털이 없고 얇게 갈라진다. 이른 봄 줄기에서 채취한 수액은 위장병 약으로 사용한다.

가치 / 용도

가을의 황색 단풍이 매우 관상가치가 높아 경관수, 녹음수로 적당하다.
수형으로 보아 가로수나 풍치수로 식재하기에 적당한 나무이다.
단식, 군식, 혼식, 열식 어느 경우에도 무난하다.
이른 봄 수액을 채취하여 약용으로 사용한다.

37. 고욤나무

과명 : 감나무과
학명 : Diospyros lotus L.
생육지역 : 거의 전국에 분포하며 표고 500m 내외에서 생육.
원산지 : 한국
성상 : 낙엽활엽교목
수형 : 원정형
개화기 : 6월
화색 : 황백색
수고 : 15m
단풍색 : 적색
결실기 : 10월
열매색 : 흑지색

외형적 특성

잎 :

호생하며 길이6~12㎝, 너비5~7㎝로서 타원형 또는 긴타원형이고 급한 첨두이며 기부는 원저 또는 예저이며 가장자리가 밋밋하다. 잎의 양끝이 약간 굽어지며 표면의 주맥과 뒷면 맥위에 털이 약간 있다.

꽃 :

암수 딴그루로서 수꽃에는 16개의 수술이 있고 암꽃에는 1개의 암술과 꽃밥이 없는 8개의 수술이 있다.

열매 :

지름 1.5㎝의 둥근 장과인데 외형에 따라 여러 가지 품종으로 나뉜다.

수피 및 가지 :

새로 난 가지에는 회색 털이 있다.

가치 / 용도

열매에는 탄닌이 많아서 햇볕에 말려 식용 및 약용으로 쓰고 감나무 대목으로 사용된다.

38. 곰솔 (소나무)

과명 : 소나무과
학명 : Pinus thunbergiana Franco
생육지역 : 서쪽은 경기도 남양, 동쪽은 강원도 울진까지 분포한다.
원산지 : 한국, 중국, 일본
성상 : 상록침엽교목
수형 : 원추형
개화기 : 4~5월
화색 : 자홍색
수고 : 28m
결실기 : 다음해9월
열매색 : 녹갈색

외형적 특성

잎 :

상록성의 침형으로 2개씩 속생하며, 짙은 녹색으로 다소 비틀어지며 끝이 뾰족하고 길이 9~14㎝, 나비가 1.5㎜이고 2~3년 동안 달려있다.

꽃 :

꽃은 일가화로 암꽃은 새 가지의 끝부분에 1~5개씩 적자색으로 달리고, 수꽃은 새가지의 밑부분에 많이 달리며 원통형이다.

열매 :

솔방울은 긴 타원형으로 길이 4.5~6㎝, 지름 3~4㎝로 종자는 난형 또는 타원형으로 흑자색으로 날개가 붙어 있다.

수피 및 가지 :

수피는 흑갈색이고 동아는 흰색이다.

가치 / 용도

우리나라에서는 해안지방에 많이 자생하고 있다.
척박지에서도 생육이 매우 강하기 때문에 해안의 방풍림이나 방조림으로 많이 심고 있다.
현재 경남에서는 해안과 접한 지역의 가로수로도 이용이 적극 검토되고 있다.
추위에 약해서 중부내륙 지방에서는 생육이 불가능하다.
오장을 살찌우고, 장위를 따뜻하게 하고, 풍을 없애고 폐를 촉촉하게 하며 장을 부드럽게 하고 피부를 윤택하게 하며, 변백하는 효능이 있다.

39. 공로목 (뿔남천)

공로목 (뿔남천) ▼

과명 : 매자나무 과
학명 : Mahonia japonica DC.
생육지역 : 전남, 경남의 따뜻한 곳에서는 월동이 가능하나 중부지방에서는 불가능.
원산지 : 일본, 중국, 인도
성상 : 상록활엽관목
수형 : 피복 형
개화기 : 6~7월
화색 : 백색
수고 : 1~3m
단풍 색 : 적색
결실기 : 10월
열매 색 : 적색

외형적 특성

잎 :

길이 30~50㎝, 넓이 30㎝정도로 혁질이고 3회3출우상복엽이며 소엽은 엽병이 없고 타원상 피침형으로 끝이 뾰족하며 길이 3~10㎝이다.

꽃 :

양성으로 가지 끝에 곧게 서서 20~40㎝의 크기로 원추화서에 달리며 여섯 개로 된 꽃잎은 직경 6㎜이다.

열매 :

광택이 있는 열매는 둥글고 직경 0.5~1㎝이고 안에 2개의 종자가 들어있다.

수피 및 가지 :

밑에서 줄기가 많이 올라와 포기를 형성하고 겨울철에는 잎과 줄기가 붉게 변한다.

가치 / 용도

독립수 또는 차폐용으로 이용된다.
반 상록관목으로 가을에 송이를 이루어 겨울에 꽃을 피운다. 겨우 내내 달려 있는 붉은 열매와 진분홍색으로 물드는 단풍은 질감이 좋아 남부지방의 정원에 심기에 적합 하다. 특히 나무 밑, 담 밑에 식재하면 훨씬 아름답다.
잎과 열매 외에도 가지와 뿌리를 삶으면 누런색이 나는데 천연염료로 사용하였으며,
가지를 삶은 물은 숙취, 간장 질환에 좋으며 최근에는 간암치료에 이용되기도 한다.

40. 공작단풍나무 (뿔남천)

과명 : 단풍나무과
학명 : Acer palmatum var. dessoctum (Thunb.)Miq.
생육지역 : 북아메리카, 한국(전국)
원산지 : 북아메리카
성상 : 낙엽활엽교목
개화기 : 5월
화색 : 진한 붉은색
수고 : 10m
결실기 : 9월 ~ 10월

외형적 특성

꽃 :

진한 붉은색의 산방화서로 가지의 끝부분에 달리며 꽃받침조각은 5개이고 수술은 8개이며 수꽃은 꽃잎과 흔적이 없으며 암꽃은 꽃잎이 없거나 2~5개의 흔적이 있다.

열매 :

열매는 시과로 긴 타원모양으로 털이 없다. 낙엽활엽교목으로 원산지는 북아메리카이고 전국에 식재하고 있다.

수피 및 가지 :

수피는 잿빛을 띤 갈색으로 줄기는 가늘며 잎은 마주나고 둥근 모양으로 손바닥처럼 7~11개로 갈라진다. 갈라진 조각은 다시 가늘게 갈라지며 가장자리에 거치가 없다.

가치 / 용도

미려한 깃털 모양의 잎이 자연적으로 늘어지는 수형이 매우 아름다워 조경수로 적합하다.
접목에 의해서만 생산이 가능하다.

41. 광나무 (정목, 여정목)

과명 : 물푸레나무 과
학명 : Ligustrum japonicum Thunb.
생육지역 : 전남, 경남 이남, 경북 지역 및 남해 도서지방에 자생
원산지 : 한국, 일본
성상 : 상록활엽교목
수형 : 원정형
개화기 : 7~8월
화색 : 백색
수고 : 3~5m
결실기 : 10월
열매 색 : 자흑색

외형적 특성

잎 :

대생하며 길이 3~10㎝, 너비 2.5~4.5㎝인 혁질로서 난형, 넓은 타원형 또는 난상 장타원형이며 예두 또는 둔두이고 예저이며 거치가 없다. 뒷면에는 뚜렷하지 않은 잔점이 있고 가장자리는 밋밋하며 엽병의 길이는 5~12㎜ 정도로 엽맥과 함께 적갈색을 나타낸다.

꽃 :

길이 5~12㎝의 복총상화서가 햇가지 끝에 달리며 길이와 폭은 각각 5~12㎜이다. 화관은 길이 5~6㎜이며 깊게 4개로 갈라지며 수술 2개, 암술 1개가 있다.

열매 :

핵과로서 타원형이며 길이 8~10㎜정도이고 겨울동안에도 열매가 가지에 매달려 있다.

수피 및 가지 :

원줄기가 지상부에서 올라와 많은 가지를 낸다. 수피는 매우 부드러우며 적갈색 피목이 뚜렷하다.

가치 / 용도

난상 타원형의 광택 있는 잎이 특징이다.
대기오염, 조해, 병충해에도 강하고 척박한 토양에서도 잘 자란다. 내한성이 비교적 약하여 중부 지방에서 생육이 가능하다. 차폐식재, 생 울타리, 경계식재용으로 주로 이용한다.
광나무는 간암, 위암, 백혈병, 식도암 등에 효과가 있다.

42. 구상나무

과명 : 소나무 과
학명 : Abies koreana Wilson
생육지역 : 높은 산에서 자라는 고산수종으로 해발고가 낮은 지역에서는 생장이 나쁘다.
원산지 : 우리나라 특산종
성상 : 상록침엽교목
수형 : 원추형
개화기 : 6월
화색 : 자색
수고 : 18m
결실기 : 9월, 10월
열매 색 : 자갈색, 녹갈색

외형적 특성

잎 :

상록성의 선형으로 잎 뒷면은 순백색의 기공조선이 발달하여 흰빛을 띠고 있으며 잎끝이 갈라져 있다. 구과가 맺혀 있는 가지의 잎은 길이가 9~14㎜, 나비가 2.1~2.4㎜인데 비해 어린 가지의 잎 길이는 18~22㎜정도이다.

꽃 :

꽃은 이가화로 생장점에 크기 1~2㎝로 핀다.

열매 :

구과는 원통형이며 길이 4~6㎝, 지름이 2.0~2.8㎝이다.

수피 및 가지 :

소지는 처음에는 약간 털이 있으며 황색을 띠지만 나중에는 털이 없어지고 자색을 띤다. 가지에는 잎이 떨어진 자국이 뚜렷하고, 노목이 되면 수피가 백색으로 거칠어진다. 동아는 난원형이며 털이 없고 송진이 약간 묻어 있다.

가치 / 용도

전나무보다 수고가 낮으며, 생육이 느려 40년생이 고작 5m 정도이다.
우리나라에서는 조경용으로 거의 이용되고 있지 않다.
작은 잎으로 둘러싸인 뭉툭한 잔가지와 녹갈색 또는 자갈색 구과가 아름다울 뿐 아니라 수형 이 피라밋형으로 균형이 잘 잡혀 있어 독립수로 적합하며, 차폐용으로도 이용이 가능하다.
한라산 구상나무에서 추출한 에센셜오일은 피부질환과 항생제 내성병원균에도 탁월한 항균효과가 있다.

43. 구지뽕나무 (꾸지뽕나무)

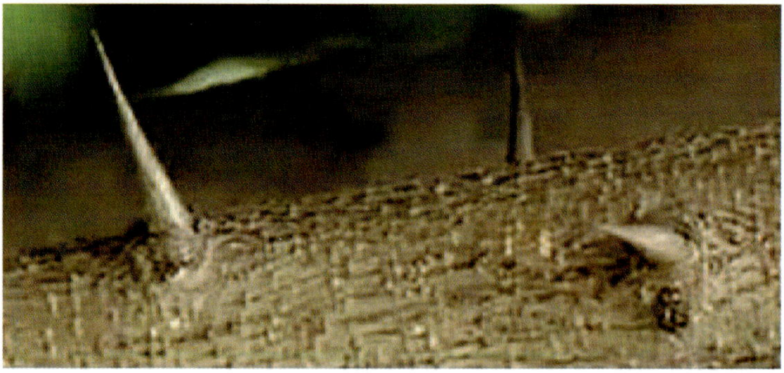

구지뽕나무(꾸지뽕나무) ▼

과명 : 뽕나무 과
학명 :Cudrania tricuspidata Bureau
생육지역 : 전남북, 경남북, 충남, 황해도 등 남해안과 서해안의 표고 100~700m에서 자람.
원산지 : 한국, 중국, 일본
성상 : 낙엽활엽교목
수형 : 원정 형
개화기 : 5~6월
화색 : 황색
수고 : 7~8m
결실기 : 9월
열매 색 : 적색

외형적 특성

잎 :

호생하며 난형, 타원형, 도란형으로 예두, 둔두이며 원저, 넓은 예저이다. 가장자리는 전연이거나 크게 3개로 갈라지며 길이 5~9㎝, 넓이 3~6㎝로 털이 있다.

꽃 :

이가화로 웅화서는 소화가 많이 모여 달리고 둥글며 지름 1㎝정도로 짧고 연한 털이 밀포한 길이 10~12㎜의 대가 있다. 자화서는 지름 1.5㎝정도로 타원형이다. 수꽃은 3~5개의 화피열편과 4개의 수술이 있고 암꽃은 화피열편과 2개로 갈라진 암술대가 있다.

열매 :

취과(聚果)는 둥글며 지름 2~3㎝로서 육질이고 수과(瘦果)는 길이 5㎜정도이다.

수피/ 가지

엽액에 가지가 변형된 5~30㎜크기의 가시가 있다. 가지에 피목이 발달되어 있고 오래된 수피는 황회 색을 띠며 세로로 찢어져 떨어진다.

가치 / 용도

녹음수로 이용 가능. 적색으로 익는 열매는 아름다우며 새나 사람이 먹을 수 있다.
플라보노이드, 루틴 등의 성분은 암 예방 및 치료에 효과적이다. 당뇨병을 예방 및 치료하는데 효능이 좋다. 어혈을 풀어 혈액순환을 좋게 하고 특히 모세혈관의 기능을 개선하여 꾸준히 복용했을 경우 동맥경화, 고혈압 등과 같은 혈관질환을 예방하고 치료하는데 좋다. 아스파라긴산이 풍부하게 함유되어 있어 피로물질을 배출하고 숙취를 해소하는 구지뽕나무효능이 있다.

44. 굴거리나무

과명 : 대극과
학명 : Daphniphyllum macropodum Mip.
생육지역 : 제주도, 전라도, 경상도의 도서지방에서 자생
원산지 : 한국, 일본, 중국
성상 : 상록활엽교목
수형 : 원정 형
개화기 : 4-5월
화색 : 황녹 색
수고 : 10m
결실기 : 10-11월
열매 색 : 암청색

외형적 특성

잎 :

가지 끝에 모여서 달리며 호생한다. 장타원형으로 길이 12~20㎝로서 두껍고 커서 마치 고무나무 같은 느낌을 주며 표면은 녹색이고 뒷면은 회백색으로 털이 없다. 12~17쌍의 측맥이 있고 엽맥간의 거리가 10~15㎜이며, 엽병은 길이 3~4㎝로서 연한 홍색이거나 녹색이다.

꽃 :

꽃은 자웅일가화이고 전년지의 엽액에서 나오며 길이 2.5㎝의 액생하는 총상화서로 개화하며 화피가 없고 꽃잎과 꽃받침이 없다.

열매 :

열매는 긴 타원형으로 지름 1㎝이며 핵과로 익는다.

수피 및 가지 :

소지는 굵으며 녹색이지만 어릴 때는 붉은 빛이 돌고 털이 없다.

가치 / 용도

잎과 수형이 아름다우며 내음성이 높아 그늘에서도 잘 견디므로 난대지역의 정원수나 아파트, 공원에 심을 만한 관상수이다.
고무나무와 같이 생긴 두텁고 밝은 녹색의 윤생하는 잎은 남국적 분위기를 자아내며 기온이 낮아지면서 붉어지는 엽병 또한 아름답다.
특히 눈이 쌓여 진한 녹색의 잎과 붉은 엽병이 눈 과 함께 조화된 모습은 지극히 매혹적이다.
내한성이 약해 온대남부지방에 주로 식재하며 방화수, 가로수로도 이용한다

45. 굴참나무

과명 : 참나무 과
학명 : Quercus variabilis BL
수고 : 25m,
성상 : 낙엽활엽교목.
생육지역 : 전국 400~500m 지역이 중심지역.
개화기 : 5월
결실기 : 9월

외형적 특성

잎 :

긴 타원형의 잎은 어긋나고 잎맥이 9~16쌍 나란히 나와 있으며 잎가장자리에는 뾰족한 톱니가 나 있다. 잎 뒷면에는 별모양의 털이 빽빽하게 나 있다.

꽃 :

암꽃과 수꽃이 한 나무에 따로따로 피는데, 수꽃은 아래로 처져 있어 꼬리처럼 보이는 꽃차례에 무리지어 달리며 암꽃은 새로 나온 가지 끝에 곧추서서 보통 1송이씩 핀다.

열매 :

열매는 둥글고 뒤로 젖혀진 많은 긴 포린(苞鱗)으로 싸여 있다.

가치 / 용도

상수리나무와 비슷하지만 줄기에 코르크가 발달하고, 잎의 뒷면에 흰 성모(星毛)가 밀생한 것이 다르다. 상수리나무와 함께 그 열매를 상수리라 일컫는데, 이것은 묵을 만드는 재료로 쓰인다. 떡갈나무 · 신갈나무 등의 열매를 도토리라 해서 구별하는 표현이 있으나 실제로는 흔히 혼돈된다.

옛날 흉년이 들 때 상수리 · 도토리 등 참나무 류의 열매는 구황식료(救荒食料)로서 매우 중요한 것이었고 역사적 기록에도 많이 남아 있다.
껍질은 코르크로 이용되었는데 지금은 대체품이 나와 이용도가 크게 떨어졌다.

46. 굴피나무

과명 : 가래나무 과
학명 : Platycarya strobilacea Siebold & Zucc.
생육지 : 중부 이남. 표고 50~1,200m의 산지
분포지 : 중국, 베트남, 중국, 일본
성상 : 낙엽활엽수림
수고 : 5-15m
개화기 : 6-7월
결실기 : 9-10월
열매 색 : 진갈색

외형적 특성

잎 :

작은 잎 7-19장으로 이루어진 홀수깃꼴겹잎이며, 길이 15-30cm이다. 작은 잎은 넓은 피침형, 길이 5-10cm, 폭 2-4cm, 가장자리에 톱니가 있고, 끝이 뾰족하며, 잎자루가 거의 없다.

꽃 :

수꽃이삭은 길이 5-8cm로서 위를 향해 서며, 암꽃이삭은 길이 3-5cm의 긴 타원형이고 암꽃에는 화피가 없다. 암수한그루에 핀다.

열매 :

여러 개가 긴 타원형을 이루어 모여 달리며, 견과이고, 가장자리에 날개가 있다.

수피 및 가지 :

줄기 껍질은 회색이고 세로로 갈라진다. 어린 가지는 황갈색, 또는 갈색의 숨구멍이 드문드문 보인다.

가치 / 용도

가장 오래된 굴피나무는 약 5천3백만 년 전에 미국 서부에 분포하고 있었다.
열매는 황갈색 물을 들이는 염료로 된다. 열매가 달린 채로 꺾어다가 꽃꽂이 재료로도 쓴다.
나무의 속껍질은 질겨서 줄로 쓰이며 어망을 만들기도 한다.

잎은 化香樹葉(화향수엽), 과실은 化香樹果(화향수과)라 하며 약용하는데 소종, 지통, 건습, 살충의 효능이 있다.

47. 귤나무

과명 : 운향과
학명 : Citrus unshiu
분포지 : 제주도
생육지 : 과수로 재배
성상 : 상록활엽소교목
수고 : 3~5m
화색: 흰색
개화기 : 6월
결실기 : 10월

외형적 특성

잎 :

어긋나며 길이 5~7cm의 타원형이고 가죽질인데 가장자리가 밋밋하거나 물결 모양의 톱니가 있으며 끝이 뾰족하다. 잎자루의 날개는 뚜렷하지 않으며 잎겨드랑이에는 가시가 있다.

꽃 :

꽃받침조각과 꽃잎은 각각 5개씩이다. 수술은 많고 암술은 1개이다. 향기가 짙다.

열매 :

지름 5~8cm 정도 되는 동글납작한 편구 형(偏球形)의 장과가 달려 익는다. 이 열매를 귤이라고 한다.

가치 / 용도

열매를 식용하는데 주로 생식한다. 덜 익은 열매의 껍질을 청피(靑皮)라 하고, 익은 열매의 껍질을 진피(陳皮)라 하는데 어떤 약에든지 넣으면 약효가 배가된다. 약으로 쓸 때는 주로 탕으로 하여 사용한다. 주로 호흡기 질환과 건위에 효험이 있다.

48. 금목서

과명 : 물푸레나무 과
학명 : Osmanthus fragrans var. aurantiacus Makino
생육지역 : 남부 지역에 식재.
원산지 : 중국
성상 : 상록활엽교목
수형 : 원정 형
개화기 : 10월
화색 : 황색
수고 : 4m

외형적 특성

잎 :

대생하며 가장자리에 모여 파상을 이루며 길이 5~9㎝, 넓이 2~3㎝이고 긴 타원형 또는 피침형으로서 첨두, 예저이다. 미세한 거치가 있으나 없는 경우도 있다.

꽃 :

자웅이주로 엽액에 모여 달리며 향기가 강하다. 은목서와 비슷하지만 꽃 색이 등황색이므로 쉽게 구별된다.

열매 :

우리나라에 있는 것은 거의 숫나무로 열매를 보기 힘들다.

수피 및 가지 :

수피는 적갈색인데 심재(心材)가 유달리 붉다. 가지는 옆으로 퍼진다.

가치 / 용도

수형이 아름다워 정원의 독립수로도 적합하다.
등황색의 꽃은 작아 크게 눈에 띄지는 않으나 향기가 대단히 강하고 진하여 은은한 향기를 만끽할 만한 수종이다.
내한성이 약하여 중부지방에서의 생육은 다소 어렵고 남부지방의 공원이나 학교, 공공 건물등 의 전면에 식재하여 상록의 잎과 아름다운 수형을 감상해 볼만한 수종이다.

잎은 차로 마시고 꽃은 술을 담가먹는다.
기침, 가래를 삭이고 중풍이나 버짐, 치통을 다스리는데 효능이 있다.

49. 금송 (소나무)

과명 : 낙우송 과
학명 : Sciadopitys verticillata S.et Z.
생육지역 : 우리나라 전지역
원산지 : 일본
성상 : 상록침엽교목
수형 : 원추형
개화기 : 3월
화색 : 황갈색
수고 : 30m
결실기 : 10월

외형적 특성

잎 :

상록성의 선형으로 2개씩 속생하고 단지에서는 한마디에 10~40개의 잎이 윤생한다. 윤채가 있는 짙은 녹색으로 끝이 파지고 잎 뒷면에 홈이 파여져 있으며 흰빛의 기공대가 있다.

꽃 :

일가화로 알맞은 타원체로 가지 끝에 한 개씩 달리고, 수꽃은 둥글고 가지 끝에 달린다.

열매 :

구과는 8~12㎝로 난상 타원형이며 곧게 서고, 종자는 길이 1.2㎝로 날개가 있고 자엽은 2개이다.

수피 및 가지 :

소지는 가늘고 매끈하며 갈색내지 적갈색이나 잎으로 감추어져 있다. 수피는 회갈색으로 길게 벗겨진다.

가치 / 용도

수형이 정제되어 조각품 같은 느낌을 주고, 원추형이지만 점차 옆으로 퍼져 가지가 아래로 처진다. 외관상 약간 거칠어서 특이하게 보이는 질감과 윤생하는 것처럼 보이는 잎이 아름다워 침엽수 중에서도 으뜸으로 꼽힌다.
공원수, 독립수, 경관수, 악센트용 및 차폐용으로 적합하며, 생장 속도가 느려 정원수, 기초식재용 또는 암석원용으로도 이용된다.

중부지방에서는 내한성 문제에 주의를 요한다.
향균, 향염, 여드름 등에 효능이 있다.

50. 긴잎 느티나무 (느티나무)

과명 : 느릅나무 과
학명 : var. longifolia Nakai
생육지역 : 함양, 통영 등지에 자생
원산지 : 한국, 중국, 일본
성상 : 낙엽활엽교목
수형 : 평정형
개화기 : 5월
화색 : 황녹 색
수고 : 25m
단풍 색 : 황색, 적색, 갈색
결실기 : 10월

외형적 특성

잎 :

넓은 피침형이다.

꽃 :

자웅동주로 암꽃은 가지 끝에 한두 개씩 달리고 수꽃은 새가지 밑에 10여개 씩 몰려 달린다.

열매 :

대가 거의 없이 일그러진 엽맥에 달려있고 편구 형으로 지름이 4㎜로서 뒷면에 능선이 있다.

수피 및 가지 :

회갈색의 수피는 평활하지만 오래되면 비늘처럼 떨어지며 피목이 옆으로 발달한다.
원대가 갈라지는 것이 많다

가치 / 용도

예로부터 마을의 정자목으로 많이 이용되어 온 수목으로서 수형, 수피 및 단풍이 아름다워 독립수로 적합하며 공원, 아파트단지, 캠퍼스 및 대단위 조경단지용으로 알맞다.
도시 내에서도 적응력이 높아 그늘과 녹음이 절실히 요구되는 도시 내에서의 이용이 적극 권장되는 수종이며, 수형이 단정하여 잔디밭 위에 식재하여도 잘 어울린다.
정자목, 녹음수로 가장 훌륭한 나무이고 공원이나 가로에도 적당한 수종이다

51. 긴잎 다정큼나무

긴잎 다정큼나무 ▼

과명 : 장미과
학명 : var. liukiuensis Koidz.
생육지역 : 제주도에서는 표고 700m까지, 남해에서는 해안 변에 야생. 전남 · 경남이남.
원산지 : 한국, 일본, 대만
성상 : 상록활엽관목
수형 : 원정 형
개화기 : 2~6월
화색 : 백색
수고 : 2~4m
결실기 : 11월
열매색 : 흑색

외형적 특성

잎 :

호생하나 가지 끝에 모여 달리며 잎이 좁고 긴 타원형이다.

꽃 :

양성으로 꽃잎, 꽃받침은 각각 5개이며, 원추화서는 정생하며 갈색 털이 있다가 없어진다. 꽃은 직경 2㎝정도이며 화병이나 꽃받침에 황갈색의 면모가 밀생한다.

열매 :

지름 7~10㎜의 구형으로 윤채가 돌고 1~2개의 종자가 들어있다.

수피 및 가지 :

줄기는 직립하며 어린 가지는 차 바퀴모양으로 규칙적으로 돌아가면서 윤생하여 차륜매(車輪梅)라하고 처음에는 면모로 덮여 있지만 곧 없어진다.

가치 / 용도

남부 해안지방에 자라는 상록관목으로 잎은 윤택이 있는 진녹색으로 전체적인 질감효과가 좋다.
독립수, 군식용, 경계식재용, 분식용 또는 생 울타리용으로 적합하다.

52. 꽃댕강나무

과명 : 인동과
학명 : Abelia mosanensis T.H.Chung
생육지역 : 중국 원산(원예품종), 중부지방, 중부이남.
원산지 : 중국
성상 : 반상록 관목
개화기 : 6월 ~ 8월
화색 : 흰색
수고 : 2m 안팎
결실기 : 8~9월

외형적 특성

꽃 :

꽃 받침 잎은 2~5개로 일부 붙어 있다.

열매 :

핵과 (굳은 씨 열매)

가치 / 용도

가지가 댕강 부러지기 때문에 댕강 이라는 이름이 붙었다. 왜 댕강이, 아벨리아라고도 불린다.
중국 원산이나 원예용으로 개량되었으며 2m 안팎으로 촘촘히 자라기 때문에 중부이남 지방 특히 제주도에서 울타리용으로 주로 활용된다.
여름 내내 옅은 분홍색을 띤 흰색의 꽃을 피운다.
날씨가 추워지면 꽃이 지지만 붉은색의 꽃받침이 그대로 남아 있다. 관상용(울타리용)을 적합하다.

53. 꽃석류나무

과명 : 석류 과
학명 : cv pleniflora
생육지역 : 남부, 남해안, 제주도, 경기도이남
원산지 : 이란, 아프가니스탄, 파키스탄
성상 : 낙엽활엽교목
수형 : 부정형
개화기 : 5~6월
화색 : 적색
수고 : 4~10m
단풍 색 : 황색
결실기 : 9~10월
열매 색 : 황적색

외형적 특성

잎 :

잎이 나오는 것이 다른 종류의 나무에 비해 늦어 4월 하순이나 5월 상순이 되어야 하며 길이 2~8㎝의 장타원형으로 대생한다. 가장자리에 거치가 없다.

꽃 :

겹꽃이 피며 결실하지 않는다.

열매 :

열매는 둥글며 지름 6~8㎝로 흔히 두꺼운 과피가 터져 종자가 드러난다.

수피 및 가지 :

작은 가지가 많이 나오며 어린 가지는 사각형으로 가늘고 끝이 가시로 변한 것이 있다.

가치 / 용도

내한성이 약하여 중부지방 이남에서 식재 가능하며, 거친 수피가 특이하다.
옛 부터 석류나무를 심으면 자손이 번성한다 하여 가정에는 몇 주씩 심던 나무로 동양정원의 대 표적인 상징이기도 하다. 피부미용 석류에는 천연 에스트로겐과 비타민이 풍부하여 피부의 노화를 방지해주고 기미나 주근깨를 막아주는 효과가 있다.
면역력 강화 석류에는 칼슘, 무기질, 각종 무기질 성분이 풍부하여 피를 맑게 해주고 면역력을 강화시켜 주며, 혈액순환에도 석류효능이 있다.

54. 꽝꽝나무

과명 : 감탕나무 과
학명 : Ilex crenata Thunb.
생육지역 : 변산 반도와 거제도, 보길도, 제주도에 분포하며 한라산에서는 1800m까지 자생
원산지 : 한국, 일본
성상 : 상록활엽관목
수형 : 원형
개화기 : 5~6월
화색 : 백색
수고 : 3m
결실기 : 10월
열매 색 : 흑색

외형적 특성

잎 :

호생하고 길이 1.5~3.0㎝, 넓이 0.6~2.0㎝의 타원형으로 표면은 윤채가 있는 짙은 녹색이며, 뒷면은 연한 녹색이고 작은 선점이 있으며 가장자리에 가는 톱니가 있다. 엽병은 매우 짧아서 1~5㎜정도이다.

꽃 :

자웅이주로 총상 또는 복총상화서로 개화한다.

열매 :

열매는 둥글며 핵과로서 지름 6~7㎜정도이고 열매는 매우 많이 달리는 편이다.

수피 및 가지 :

밑에서 많은 줄기가 올라와 수형을 만들고, 가지는 매우 조밀하게 밀생한다. 수피는 회갈색이며 어린 가지에는 잔털이 나있다.

가치 / 용도

잎이 열을 받으면 꽝 소리가 난다고 하여 꽝꽝나무란 명칭이 붙여졌다.
가지의 소지는 침과 같아 방어용 생 울타리에 사용되기도 한다.
가지가 치밀하고 잎이 밀생하여 좋은 수형을 가지며 수세가 강건하고 맹아력이 좋아서 생 울타리 등으로 회양목과 같이 사용된다.
짙은 녹색의 잎이 특이하며 기초식재, 경계식재용으로 주로 쓰이며 중심목, 하목으로도 가능하고 군식할 수 있다.

한국나무도감

ㄴ:

나도박달나무/나한송나무/낙상홍/낙우송/난티나무/너도밤나무/남천/노나무/네군도 단풍나무/노각나무/노린재나무/노무라단풍/뇌성목/녹나무/눈잣나무/눈주목/눈측백/눈향나무/느릅나무/느티나무/능소화

55. 나도박달나무 (복자기)

과명 : 단풍나무 과
학명 : Acer triflorum Kom.
생육지역 : 경남 · 북, 전북 및 경기도 이북 지역에 자생.
원산지 : 한국, 만주
성상 : 낙엽활엽교목
수형 : 난형, 원형
개화기 : 5월
화색 : 황색
수고 : 20m
단풍 색 : 황색, 적색
결실기 : 9~10월

외형적 특성

잎 :

대생하며 소엽은 3개로 긴 타원상 도란형 또는 타원상 피침형이다. 거치는 밑부분에는 없으나 끝부분에 2~4개가 있고, 잎 뒷면의 맥상에 미모가 있다. 잎의 길이는 7~8cm, 폭은 5cm 정도이고, 엽병은 5㎝로 털이 있다.

꽃 :

자웅이가화이나 때로는 잡성도 있으며 가지 끝의 산방화서에 3개씩 달리며 화경에 갈색털이 있다.

열매 :

시과로서 회백색이며 날개가 예각 또는 둔각으로 벌어지며 밀모가 있다. 열매의 길이는 5cm, 폭은 1.5cm 정도이다.

수피 및 가지 :

자웅 모두 황갈색이며 가지에 붉은 빛이 돈다. 피목은 백색이고 동아는 흑색이며 난형이다.

가치 / 용도

수림 하에서 자생하는 수목으로 내음 력이 강하고, 건조한 사질 양토에서도 잘 적응한다.
이른 봄 노랗게 피는 꽃이 아름답다.
수피가 황갈색으로 미려하고 가을의 단풍이 색이 곱고 진하여 세계적으로도 널리 알려져 있는 조경수이다.

56. 나한송나무

과명 : 나한송 과
학명 : Podocarpus macrophyllus var. Maki Sieb.
생육지역 : 전국 산야에 자생.
원산지 : 중국
성상 : 상록침엽교목
수형 : 원추형
개화기 : 5월
화색 : 황색
수고 : 5m
열매 색 : 적색

외형적 특성

잎 :

호생하고 넓은 선형 또는 선상 피침형이며 길이 4~8㎝, 나비 4~9㎜로서 양끝이 좁고 밑 부분이 짧은 엽병으로 되며 표면은 짙은 녹색, 뒷면은 누른빛이 돌고 중륵이 양쪽으로 도드라진다.

꽃 :

이가화로서 원추형으로 비스듬히 처지고 암꽃은 전년지의 엽액에 1개씩 달리며 커다란 과탁과 4개의 인편 및 짧은 대가 있다.

열매 :

종자는 넓은 타원형이며 흰 가루로 덮여 있다.

수피 및 가지 :

가지가 비스듬히 서며, 많은 가지에는 잎이 무성하게 달린다.

가치 / 용도

난대림 지역에서 생 울타리 및 정원수로 적합하다.

57. 낙상홍

과명 : 감탕나무 과
학명 : Ilex serrata var. sieboldii Loesm
생육지역 : 전국에 생육 가능
원산지 : 일본
성상 : 낙엽활엽관목
수형 : 원형
개화기 : 4~5월
화색 : 연분홍색
수고 : 2m
단풍 색 : 적갈색
결실기 : 11월
열매 색 : 적색

외형적 특성

잎 :

호생하며 장타원형 또는 난상 타원형으로 길이 4~8㎝, 넓이 3~4㎝이다. 잎 끝은 뾰족하고 가장자리에 예리한 톱니가 있으며 잎의 양면에 짧은 털이 있다.

꽃 :

암나무, 수나무가 따로 있는 자웅이주로 새로 자란 가지에 지름 3~4㎜의 작은 꽃이 산 형상으로 모여 핀다.

열매 :

지름 5㎜의 작은 구슬모양으로 백색의 종자가 한 열매에 6~8개씩 들어 있다.

수피 및 가지 :

밑에서 많은 줄기가 올라와 하나의 큰 포기를 이룬다.

가치 / 용도

초여름에 잎과 잎 사이에 피는 연분홍색 꽃은 매화꽃모양으로 은은하며 열매는 낙엽진 나무에 매달려 꽃이 핀 것처럼 화려하고 겨울까지 남아 있어 백설을 배경으로 하여 더욱 진가를 발휘한다.
꽃꽂이 소재로 훌륭하며 겨울철 야조류의 먹이로도 적당한 나무이다.
미국 낙상홍(Ilex serrata Thunb)은 낙상홍보다 열매가 2배정도 굵으며 내한성이 강하고 자웅이주이다.

58. 낙우송

과명 : 낙우송 과
화색 : 자주색
학명 : Taxodium distichum (L.) Rich.
원산지 : 북아메리카 플로리다 주
생육지 : 전국 각지 (1920년 도입)
성상 : 낙엽 침엽 교목
수형 : 수관이 좁은 피라밋 형.
수고 : 높이 50m, 지름 4m.
화색 :자주색
개화기 : 5월, 4월
결실기 : 9월
단풍 색 : 황갈색

외형적 특성

잎 :

장지에서는 어긋나기 하며 나선상으로 달리고 길이 5 ~ 10cm로 깃 모양 겹잎이며 하부의 짧은 가지에서는 2줄로 어긋나게 배열된다. 소엽은 선형 예두로서 질이 얇으며 길이 15 ~ 20mm로서 깃 모양으로 배열되며, 밝은 녹색이다. 겨울에는 갈색으로 변하여 짧은 가지와 함께 떨어진다.

꽃 :

암수한그루로 수꽃차례는 처지는 원뿔모양꽃차례모양이고, 길이 10 ~ 15mm 이다. 암꽃차례는 구형이고 각 씨앗바늘에 2개의 밑씨가 있다.

열매 :

열매는 구과로 구형이며, 지름이 25mm이다. 종자는 삼각형으로서 날개가 있다.

수피 및 가지 :

높이 50m, 지름 4m에 달하고 큰 역지(力枝)가 발달하므로 끝이 뾰족한 줄기로 된다. 수간은 통직하고 나무껍질은 적갈색이며 길이 방향으로 길게 벗겨지고 수관이 좁은 피라밋 형 또는 넓은 원형이다. 줄기에서 맹아가 발생한다. 나무껍질은 적갈색이며 길이 방향으로 길게 벗겨지고 수관이 좁은 피라밋 형 또는 넓은 원형이다

가치 / 용도

가을 단풍이 들어 낙엽처럼 떨어지기 때문에 낙우송이라고 부르는데 바늘잎나무로는 드물게 낙엽이 지는 나무이다. 습지에 잘 자라므로 호수가의 휴양림 조성에 적합하며 원뿔모양의 수형이 독특하여 정원수, 풍치수, 가로수로 적당하다. 낙우송과 메타세쿼이아는 잎이나 바깥 모양이 매우 비슷하다. 목재는 습기에 잘 견디고 재질이 좋으며 끝이 가는 목재를 생산하는 단점이 있으나 건축용재, 선박, 토목용재 등에 사용된다.

59. 난티나무

과명 : 느릅나뭇과
학명 : Ulmus laciniata
생육지 : 울릉도, 중부 · 북부 지방 산허리 밑의 골짜기
성상 : 낙엽 활엽 교목
수고 : 20m
화색 : 엷은 황록색
개화기 : 4~5월
결실기 : 5~6월

외형적 특성

잎 :

호생하고 길이 10~20cm의 넓은 거꿀달걀꼴 또는 긴 타원형으로서 끝의 가장자리 3군데가 깊이 패어 들어갔고 급하게 뾰족해지며 가장자리에 예리한 겹 톱니가 있다. 앞면은 거칠고 짧은 털이 있으며, 뒷면은 연한 녹색이고 잔털이 덮여 있다.

꽃 :

양성화가 달려 피는데 꽃 덮이는 5~6개로 갈라진다. 5~6개인 수술은 자홍색이며 암술대가 2개로 갈라진다.

열매 :

길이 1.5cm 정도 되는 시과가 달려 익는데 넓은 달걀꼴이며 털이 없고 편평하다. 씨는 열매의 중앙에 있다.

수피 및 가지 :

수피는 회갈색으로 불규칙하게 세로로 갈라진다. 작은 가지는 연한 갈색이며 털이 있으나 점차 없어진다.

가치 / 용도

어린잎은 나물로 먹으며, 햇가지와 잎을 가축먹이로 쓴다.
껍질로 종이와 밧줄을 만든다.
목재는 기구재, 가구재로 쓴다.
수피를 약으로 쓰는데 탕으로 하거나 환제 또는 산제로 하여 사용한다. 외상에는 짓이겨 붙인다

60. 너도밤나무

과명: 참나무 과
학명 : Fagus multinervis Nakai
성상 : 활엽교목
생육지역 : 주로 산중턱에 나며, 울릉도에 분포하는 특산종.
수고 : 20m
개화기 : 6월
결실기 : 10월

외형적 특성

잎 :

달걀 모양의 타원형이며 가장자리는 물결 모양을 이루고 있다.

꽃 :

수꽃은 두상으로 모여 잎 겨드랑이에 늘어지며, 암꽃은 깍정이에 싸인 채 새로 난다.

열매 :

가지의 잎 겨드랑이에서 나와 2-3개가 두상으로 달린다.

수피 및 가지 :

견과

가치 / 용도

너도밤나무는 가구, 마루바닥, 연장의 손잡이, 대패의 몸통, 장난감등의 재료로 널리 사용된다. 맛이나 냄새가 없으므로 부엌용품으로 특히 적합하다.
위스키를 만들기 위한 술통의 재료로도 널리 사용된다.
너도밤나무 생 열매는 달고 맛이 좋으며, 건조시켜 볶은 것은 한 때 커피 열매의 대용품으로 인기가 좋았다.
잎의 새 순은 요리용 herb로 사용되고, 열매 기름도 요리용으로 사용된다.

수많은 민간요법이 이 나무에서 유래하였다. 그 중에는 독 담쟁이를 치료하기 위한 로션이 있고, 화상, 종기, 궤양 등을 치료하기 위한 연고도 있다.
수액은 결핵을 치료하는데 사용된 복합물의 성분으로 사용되었으며, 뿌리나 잎에서 추출한 것으로 열, 설사, 당뇨 등을 치료할 수 있다고 믿었다.

61. 남천

남천

과명 : 매자나무 과
학명 : Nandina domestica Thunb.
생육지역 : 전남, 경남의 따뜻한 곳에서는 월동이 가능하나 중부지방에서는 불가능.
원산지 : 일본, 중국, 인도
성상 : 상록활엽관목
수형 : 피복 형
개화기 : 6~7월
화색 : 백색
수고 : 1~3m
단풍 색 : 적색
결실기 : 10월
열매 색 : 적색

외형적 특성

잎 :

길이 30~50㎝, 넓이 30㎝정도로 혁질이고 3회3출우상복엽이며 소엽은 타원상 피침형으로 끝이 뾰족하며 길이 3~10㎝이다.

꽃 :

양성으로 가지 끝에 곧게 서서 20~40㎝의 크기로 원추화서에 달리며 여섯 개로 된 꽃잎은 직경 6㎜이다.

열매 :

광택이 있는 열매는 둥글고 직경 0.5~1㎝이고 안에 2개의 종자가 들어있다.

수피 및 가지 :

밑에서 줄기가 많이 올라와 포기를 형성하고 겨울철에는 잎과 줄기가 붉게 변한다.

가치 / 용도

반 상록 관목으로 가을에 송이를 이루어 겨울 내내 달려 있는 붉은 열매와 진 분홍색으로 물드는 단풍은 질감이 좋아 남부지방의 정원에 심기에 적합 하다. 특히 나무 밑, 담 밑에 식재하면 훨씬 아름답다. 독립수 또는 차폐용으로 이용된다.

열매를 말려 물에 달여 마시면 기관지질병과 해열에 효과가 있고 잎은 즙을 내어 벌에 쏘인 데 바르면 좋다.

62. 노나무 (개오동나무)

과명 : 능소화과
학명 : Catalpa ovata G.Don
생육지 : 전국 각지 식재 가능
원산지 : 중국 (한국은 1904년 미국에서 도입)
수고 : 15m
성상 : 낙엽 활엽 교목.
화색 : 황백색
개화기 : 6~7월
결실기 : 9~10월

외형석 특성

잎 :

오동 잎을 닮아 크고 시원스럽다

꽃 :

양성화가 원추꽃차례로 모여 달린다.

열매 :

선형으로 길게 자라 아래로 처진다. 30센티미터 길이로 노끈처럼 가늘고 길게 늘어진다.
어린 열매를 따서 더러 먹기도 하는데 구연산과 알칼리염이 들어 있어서 맛이 시고 떫으며 독이 약간 있다.

수피 및 가지 :

가지는 굵고 수가 적다.

가치 / 용도

오동나무와 흡사하여 개오동나무라고 부르는데 과가 다르다.
벼락을 막아 주는 효력이 있는 것으로 믿어 궁궐이나 절간에 많이 심었다.
재질이 단단하여 옛날에는 활을 만드는 데 많이 썼다. 잘 썩지 않고 오래 가기 때문에 나막신을 많이 만들었고 관을 짜는 데도 사용했다.

꼬투리 열매는 민간에서 약재로도 널리 쓴다. 열매가 완전히 익기 전에 따서 그늘에 말린 것을 목각두라 하여 민간에서 이뇨약으로 널리 썼다. 신장염, 복막염, 요독증, 수종성 각기, 부증 등에 효과가 있으며, 요즘에는 이뇨제 원료로 많이 쓰고 있다.

63. 네군도 단풍나무

과명 : 단풍나무 과
학명 : Acer negundo L.
생육지역 : 우리나라에 1930년경 도입되어 가로수, 공원수로 전국에 식재.
원산지 : 북미 태평양 연안
성상 : 낙엽활엽교목
수형 : 원정 형
개화기 : 4~5월
화색 : 황녹 색
수고 : 20m
단풍색 : 황색
결실기 : 9월

외형적 특성

잎 :

대생하고 기수우상복엽으로 3~5(때로는 7~9개)개의 소엽이 모여 한 개의 잎을 형성한다. 소엽은 난형 또는 피침상 장타원형으로 길이는 5~10cm 정도이며, 정생의 소엽은 결각상으로 3개로 갈라지고 거치가 있다. 잎의 표면은 짙은 녹색이고 털이 없으나 뒷면은 연한 녹색이고, 엽병은 길이 5~8㎝이다.

꽃 :

자웅이가화로서 잎보다 먼저 개화하며, 웅화서는 산방화서로 적갈색이며, 자화서는 황록색의 총상화서로 달린다.

열매 :

시과로서 털이 없고, 예각으로 벌어지는데 안쪽으로 약간 굽어져 있다. 길이는 2.5~3.5cm이고 열매는 가지에 그대로 붙은 채로 다음해 봄까지 달려 있다.

수피 및 가지 :

줄기는 곧게 올라가 많은 가지를 내어 부정형의 수형을 가지며, 어린 가지의 색은 녹색 또는 적갈색으로 엽흔이 발달하고 백분을 가졌다. 수피는 회갈색을 띠고 냄새가 나며 약간 골이 파여있다.

가치 / 용도

내한성이 강한 수종으로 대관령과 같이 추운 곳에서도 생장이 양호하고, 생장도 빠르다.
내조성 수종이며 속성수로서 조기녹화에 적당하며, 녹음수로 이용가치가 높으며 폭이 없는 가로에 가로수로 심는다.

64. 노각나무 (금수목)

과명 : 차나무 과
학명 : Stewartia koreana Nakai
생육지역 : 경북, 충북이남
원산지 : 한국
성상 : 낙엽활엽교목
수형 : 원주형
개화기 : 6~7월
화색 : 백색
수고 : 7~15m
단풍 색 : 황색
결실기 : 10월

외형적 특성

잎 :

호생하고 타원형이며 예두이고 기부는 원저 또는 넓은 예저이다. 길이 4~10㎝, 넓이 2~5㎝로 가장자리에 파상의 톱니가 있으며, 표면은 털이 없고 뒷면에 털이 있다. 진 녹색 잎은 가을이면 황색으로 단풍이 들어 아름답다.

꽃 :

양성화로 직경 7.5㎝, 길이 2.5~3.5㎝로 새 가지의 기부에서 액생하며, 동백꽃 모양과 비슷하고 꽃잎의 수는 5~6개이며 가장자리가 약간 파상이다.

열매 :

열매는 삭과로서 오각형의 송곳모양이고 5개로 갈라지는데 견모가 있다. 각 실에 3~6개의 종자가 들어 있고 종자의 가장자리에 좁은 날개가 있다.

수피 및 가지 :

수피는 수령이 오래될수록 모과나무나 배롱나무와 같이 껍질이 벗겨져 홍황색 얼룩무늬가 있어 비단나무라 불리우기도 한다. 가지는 위로 솟아오른다.

가치 / 용도

가지의 배열이 단정하여 수형이 아름답고 흑적갈색의 수피가 특이하여 정원수, 공원수로 적합하다.
아름다운 꽃, 황색의 단풍, 비단 같은 수피를 감상하기 위해 외국에서는 가로수로 이용된다.
근피 또는 간피를 모란이라 하여 서근활혈 약으로 사용하고 민간에서는 급성위장염, 간질환, 사지마비, 통증 등의 치료에 사용하며 특히, 열매를 곽란, 이뇨의 치료제로

65. 노린재나무

과명 : 노린재나뭇 과
학명: Symplocos chinensis for. pilosa
생육지 : 전국 각지 산과 들
분포지 : 한국, 중국, 일본
성상 : 낙엽 활엽 관목 또는 소교목
수고 : 2~5m
화색 : 흰색
개화기 : 5월
결실기 : 9월
열매 색 : 청람색

외형적 특성

잎 :

어긋나며 길이 3~7cm의 타원형 또는 긴 타원 모양을 한 거꿀달걀꼴이고 끝이 뾰족하다. 앞면은 짙은 녹색이고 털이 없으나 뒷면에는 털이 있거나 또는 없다. 가장자리에 톱니가 있으나 때로는 뚜렷하지 않다. 잎자루는 짧다.

꽃 :

새 가지 끝에서 원추 꽃차례를 이룬다. 꽃차례의 길이는 3~6cm이고 꽃자루에 털이 있다. 꽃잎은 긴 타원형이며 옆으로 퍼진다. 수술은 여러 개인데 꽃잎보다 길며 1개의 암술대는 곧게 선다.

열매 :

길이 6~8mm의 타원형 핵과.

수피 및 가지 :

나무껍질은 세로로 갈라지고 가지는 퍼져 나간다. 가지는 회갈색이며 작은 가지에 부드러운 잔털이 난다.

가치 / 용도

꽃은 관상가치가 높고 방향성이 있으며 개화기간이 길어 우수한 조경용수로 이용 된.
줄기는 재질이 치밀하고 트거나 갈라지지 않아 지팡이나 인장재 소재로 쓰인다.

잎은 화산반, 뿌리는 화산반근, 과실은화산반과라 하며 약용하며 청열, 이습, 지혈,
이 질, 생기, 화상, 궤양 등에 효능 있다.

66. 노무라단풍 (홍단풍)

과명 : 단풍나무 과
학명 : Acer palmatum var. sanguineum Nak.
생육지역 : 전국에 생육 가능하다.
원산지 : 일본
성상 : 낙엽활엽교목
수형 : 원형
개화기 : 4~5월
화색 : 암홍색
수고 : 7~13m
단풍 색 : 적색

외형적 특성

잎 :

대생으로 봄부터 가을까지 붉은색이나 봄철에만 붉은색을 띠고 여름부터는 푸른색을 띠는 것이 보통이다. 잎은 보통 7개로 갈라지지만 9개로 갈라지는 것도 있다.

꽃 :

수꽃과 양성화가 있다.

열매 :

시과로 2개의 날개가 거의 평행으로 달린다.

수피 및 가지 :

어린 가지는 녹색이나, 성장함에 따라 회 녹색으로 된다.

가치 / 용도

일명 노무라단풍이라고도 한다.
일본에서 육종한 나무로 낙엽지기 전까지 붉은색의 잎을 가지나, 입지조건이나 개체에 따라 녹색 또는 녹자색으로도 나타난다.
배경의 수목이 푸른색일 때 더욱더 아름답게 보이며 잔디밭에도 잘 어울리는 수종이다.
잎의 질감이 곱고 색이 아름다워 관상수, 경관수, 녹음수로 이용하면 적합하다.

67. 뇌성목

과명 : 녹나무 과
학명 : Lindera glauca var. salicifolia (Nakai) T.B.Lee
생육지 : 중부 이남의 표고 50–1,100m
분포지 : 일본과 중국
성상 : 낙엽활엽관목
수고 : 5m
개화기 : 4월
화색 : 황색
결실기 : 9월
열매 색 : 흑색

외형적 특성

잎 :

잎은 길이 5-14㎝, 넓이 1.5-2.5㎝의 거꿀피침모양으로 예두이며 예저 또는 원저로서 주맥 윗부분에 짧고 가는 털이 밀생한다. 두껍고 윤채가 나며, 뒷면은 회록 색으로 어긋나기 한다. 엽병의 길이는 6-10㎜이다. 새순은 주홍색이며 단풍은 주홍색 또는 황색이고 새순이 돋을 때까지 낙엽이 지지 않는다.

꽃 :

암수딴그루로 잎이 필 때 잎 겨드랑이에 우상모양꽃차례가 달리고 화피는 6개로 갈라지며 9개의 수술은 바깥 줄에 6개, 안쪽줄에 3개있고 안쪽 것은 선체(腺體)가 2개씩 있다. 화경은 길이5㎜정도로서 털이 있으며 꽃자루는 길이 12mm정도이다.

열매 :

장과는 둥글고 지름 8mm정도이다.

수피 및 가지 :

껍질은 회백색으로 평활하며 일년생가지는 붉은빛이 나며 털이 없다. 겨울에도 마른 잎이 떨어지지 않는다.
심한 언어 장해, 심복통, 중초의 냉을 치료하며 체기를 삭인다.
야생 약재 중에서 가장 암 치료에 효과가 좋은 나무일 것으로 추정하고 연구 중이다.

가치 / 용도

잎의 질감이 곱고 색감이 아름다워 가로수, 공원 용수, 정원수, 조경수로 적합하여 개발가치가 높으므로 경제 수종으로 적극 이용한다.
일본에서는 흉년이 들면 잎을 가루 내어 곡식과 섞어 먹었다고 한다.
잎과 줄기의 향기가 좋아 말려서 향료로도 사용한다.
잎(산호초엽), 뿌리(산호초근), 열매(산호초) 모두 생약재로 이용하며 중풍에 효과가 있다.

68. 녹나무

과명 : 녹나무 과
학명 : Cinnamomum camphora Sieb.
생육지역 : 제주도 삼성혈 부근의 숲에 자생.
원산지 : 한국, 일본, 중국, 대만
성상 : 상록활엽교목
수형 : 원정 형
개화기 : 5월
화색 : 황백색
수고 : 20m
결실기 : 10월
열매 색 : 흑색

외형적 특성

잎 :

호생하며 얇은 혁질이고 자르면 향기가 있으며 난형 또는 타원형이고 길이 6~10㎝, 넓이 3~6㎝로 예첨두, 예저 또는 원저이다. 3개의 맥이 뚜렷하며 3행맥의 분기점에 보통 2개의 소낭(일종의 선점)이 있다. 거치가 없고 양면에 털이 없다. 엽병은 길이 2.5~3.5㎝이다.

꽃 :

양성화로 원추화서이다.

열매 :

지름이 8mm이다.

수피 및 가지 :

수피는 암갈색으로 세로로 깊게 파인다. 어린 가지는 녹색 또는 황록색이며 윤채가 나고 피목이 있다. 동아의 인편은 복와상 이다.

가치 / 용도

생육속도가 빨라 남해안 지방의 녹음수, 독립수 또는 차폐용 등으로 알맞으며 공원의 풍치수, 방풍림으로서 적합 하다.
녹나무에 들어 있는 향기 성분은 캄파, 사프롤, 찌네올 등의 정유이다.
정유 성분은 녹나무 목질과 잎, 열매에 1퍼센트쯤 들어 있는데 정유는 나무줄기를 토막 내어 수증기로 증류하여 얻는데 이렇게 해서 얻은 정유를 장뇌라고 부르며 향료로서 쓰인다.
살충제, 방부제, 인조향료의 원료, 비누향료, 구충제 등으로 널리 쓰고 약용으로도 매우 중요하다.

69. 눈잣나무

과명 : 소나무 과
학명 : Pinus pumila Regel
생육지역 : 자생종은 남부의 해발1000m이상, 중부는 해발 300m이상에서 자란다.
원산지 : 한국, 만주, 일본, 동아시아의 특산
성상 : 상록침엽교목
수형 : 원추형
개화기 : 5월
화색 : 담홍색
수고 : 30m
결실기 : 9월
열매 색 : 녹갈색

외형적 특성

잎 :

길이 3~6㎝, 넓이 0.1㎝로서 5개씩 속생하고 3개의 능선이 있으며 양면에 3~4줄의 기공조선이 있고 가장자리에 뚜렷하지 않은 잔 톱니가 있다.

꽃 :

일가화로서 암꽃은 가지 끝에서 피고, 수꽃은 새가지 밑에 핀다.

열매 :

구과는 긴 난상 원추형으로 길이 12~15㎝, 지름 6~8㎝로 한 실편에 한 개의 잣이 결실하고 실편의 끝은 길게 자라서 뒤로 젖혀지며 구과가 익어도 벌어지지 않는다. 우리나라에서 자생하고 있는 소나무 류 중에서 구과가 제일 크다.

수피 및 가지 :

밑에서 여러 개의 줄기가 올라와 수형을 이룬다.

가치 / 용도

고산지대의 수종으로 따뜻한 지방과 대도시에서의 식재는 좋은 수형을 얻기가 힘들다.
공원, 공공건물, 골프장 및 캠퍼스 등에 군식 하여 풍치 및 차폐효과를 제공할 수 있다.
수형이 비교적 원추형에 가까워 독립수로도 이용가능하다.

70. 눈주목 (둥근 주목)

눈주목 (둥근 주목) ▼

과명 : 주목 과
학명 : Taxus cuspidata var.nana Hort
생육지역 : 우리나라 전 지역, 따뜻한 지방에서는 좋은 정원수가 되기 어렵다.
원산지 : 한국, 일본
성상 : 상록침엽관목
수형 : 피복 형
개화기 : 4월
화색 : 황녹 색
수고 : 1~2m
결실기 : 9월, 10월
열매 색 : 적색

외형적 특성

잎 :

상록성의 선형으로 불규칙하게 배열하며 길이 1.5~2.5㎝, 나비 0.2~0.3㎝로서 표면은 짙은 녹색이나 뒷면에 두 줄의 연한 황색의 기공조선이 있고, 주맥은 양쪽으로 튀어 나왔으며, 잎은 2~3년간 가지에 달려 있다.

꽃 :

꽃은 자웅일가화로 암꽃은 녹색이고, 수꽃은 갈색이다.

열매 :

도란형의 붉은 열매가 컵 모양으로 달리며 붉은 종의 속에 갈색의 종자가 들어있다. 과실에 독이 있어 먹으면 설사를 한다.

수피 및 가지 :

줄기는 밑에서 여러 대로 갈라지고, 곁가지가 길게 나온다.

가치 / 용도

외형적인 특성은 주목나무와 비슷하나 키가 크지 않다.
군식해서 정원이나 공원의 조경 식재로 이용. 특히 종모양의 빨간 열매는 매우 관상가치가 높다.
세계적으로 가장 많이 쓰이는 항암제인 텍솔은 주목나무에서 추출하는데 아메리카 인디언들이 그 약성을 발견하여 염증치료약으로 쓰여 오던 것을 미국에서 신약으로 개발하였고 우리나라에서도 신장염, 부종, 당뇨병 등에 민간요법으로 쓰고 있다.
미국의 주목보다 한국의 주목이 25~30배 텍솔의 성분이 많으며 독성이 강하다

71. 눈측백 (찝빵나무)

과명 : 측백나무 과
학명 : for. Sieboldii Rehder
생육지역 : 우리나라 전 지역으로 남쪽의 따뜻한 지방에서 더 좋은 수형과 잎을 가진다.
원산지 : 한국, 만주, 중국북부
성상 : 상록침엽교목
수형 : 원추형
개화기 : 4월
화색 : 담자갈색
수고 : 25m
결실기 : 9월
열매 색 : 흑갈색

외형적 특성

잎 :

뒷면이 흰 가루로 덮인 것 같고 종자에 날개가 있으며 잎의 향기가 강하다.

꽃 :

자웅일가화로수꽃은 길이 2.0~2.5㎜로 전년지 끝에 1개씩 달리며, 암꽃은 지름 2㎜의 연한 자갈색이고 8개의 실편으로 구성된다.

열매 :

구과는 난형이며 길이 15~20㎜로서 8개의 실편이 상호대생하고, 인편의 끝이 예리하며 약간 제쳐 지고 종자에는 날개가 없다.

수피 및 가지 :

큰 가지는 적갈색이고 소지는 녹색이며, 수피는 회갈색으로 세로로 길게 갈라졌다. 가지가 가늘어서 눈의 피해를 받는 수가 있다.

가치 / 용도

주로 독립수, 생 울타리용, 정원수로 이용되며, 공원이나 광장의 경계식재로도 이용된다.
어릴 때는 수형이 원추형이나 커가면서 점차 수형이 흐트러진다. 잎이 적고 병으로 잘 고사하여 수형이 불량하게 되기 쉬우며, 가지가 가늘어서 눈의 피해를 받는 수가 있다.

측백나무 과의 수목은 배나무 류, 모과나무, 사과나무 류 등의 적성병을 매개하는 중간 기주이므로 배나무 밭과 모과나무의 근처에는 심지 않는 것이 바람직하다.

72. 눈향나무 (좀눈향)

과명 : 측백나무 과
학명 : Juniperus chinensis var.asrgentii Henry
생육지역 : 우리나라 전지역(표고 700~2,300m 고산수종.)
원산지 : 한국 · 일본 · 타이완 · 사할린 섬
성상 : 상록침엽교목
수형 : 피복 형
개화기 : 4~5월
수고 : 1~5m
결실기 : 다음해 10월
열매 색 : 흑자색

외형적 특성

잎 :

길이 3~5㎜, 넓이 0.6~0.8㎜로 새로 자란 가지의 잎은 침형이고 오래된 가지의 잎은 인엽이다. 잎의 색깔은 백청녹색으로 가지에 십자(十字)대생하여 붙으며 인엽의 끝은 둔두로 중앙에 백색선이 있고, 짙은 녹색이며 길이 2㎜이다.

꽃 :

꽃은 자웅이주로 가지 끝에서 개화하며, 수꽃은 난형이다.

열매 :

길이 5㎜, 넓이 8㎜의 구과로서 장질(漿質)이며 이듬해에 익는다. 종자는 1~3개씩 들어 있으며 난형이고 길이 5㎜로서 약간 편평하며 짙은 갈색이 돌고 윤채가 있다.

가치 / 용도

원줄기가 비스듬히 기울거나 바위에서 밑으로 처지면서 자란다. 지면에 닿은 가지에서는 뿌리를 내린다.
주간을 50㎝가량 높게 한 뒤에 퍼지도록 하면 뿌리돌림이나 식재에도 편리하고 수형도 더 아름답다.
지상에 옆으로 누워서 자라 부드러운 인상을 주며 언덕 위에 심으면 좋다.
낮게 깔리며 옆으로 퍼지기 때문에 피복용, 암석원용, 경사지 식재용 및 기초식재용으로 적합.
자생지의 환경조건이 토양수분이 많고 겨울철 상대습도가 높고 여름철은 서늘한 점을 감안하면 연못가, 하천변, 축대, 옹벽 위가 식재 적지이다.

73. 느릅나무

과명 : 느릅나무 과
학명 : Ulmus davidiana var. japonica Nak
생육지역 : 우리나라 전지역
원산지 : 한국, 중국, 일본
성상 : 낙엽활엽교목
수형 : 원정형
개화기 : 4~5월
화색 : 황녹 색
수고 : 30m
단풍 색 : 황갈색
결실기 : 5~6월

외형적 특성

잎 :

호생하고 도란형 또는 도란상 타원형으로 급한 첨두이며 기부는 좌우가 비대칭의 예저이고 복거치가 있다. 길이 3~10㎝이며 표면은 거칠고 미모가 있다. 뒷면은 엽맥에 따라 단모가 있고 10~16쌍의 측맥이 있다. 엽병은 길이 3~7㎜로 털이 있고, 탁엽은 길이 8~10㎜로서 곧 떨어진다.

꽃 :

양성화.

열매 :

도란형 또는 타원형의 시과로서 길이 1.0~1.5㎝로 중앙부에 잔털이 있다. 종자는 날개의 상부에 치우쳐 있는 편이다.

수피 및 가지 :

원줄기가 곧게 자라서 많은 가지를 내어 둥근 수형을 이룬다. 수피는 암갈색으로 세로로 균열이 생기고 소지는 적갈색으로 단모가 있다.

가치 / 용도

세계 3대 가로수중의 하나로 성장이 빠르고 전정이 된다. 독립수 또는 녹음수로 적합하며, 공원, 대학 캠퍼스 및 대단위 조경단지에 알맞다. 뿌리와 껍질은 위하수, 위궤양, 십이지장궤양에 효과가 있다.
여성의 피부를 곱게 하는 작용이 있으며 자궁과 유방 질환에 잘 듣는다.
소변이 잘 나오지 않을 때 통하게 하는 기능이 있다.
축농증과 중이염 등 부스럼과 종기가 난 곳에 잘 듣는다.

74. 느티나무

과명 : 느릅나무 과
학명 : Zelkova serrata
원산지 : 대만 · 일본 · 중국 동부 · 한반도
성상 : 활엽교목
수형 : 평정형
개화기 : 5월
화색 : 황록색
수고 : 25m
단풍 색 : 황색, 적색, 갈색
결실기 : 10월

외형적 특성

잎 :

호생하며 장타원형, 타원형 또는 난형이며 점첨두, 원저 또는 얕은 심장저이며 길이 2~13㎝, 넓이 1~5㎝이고 거치가 있다. 측맥은 8~14쌍이며 15㎜이하의 엽병이 있다.

꽃 :

자웅동주로 암꽃은 가지 끝에 한두 개씩 달리고 수꽃은 새가지 밑에 10여개씩 몰려 달린다.

열매 :

대가 거의 없이 일그러진 엽맥에 달려있고 편구 형으로 지름이 4㎜로서 뒷면에 능선이 있다.

수피 및 가지 :

회갈색의 수피는 평활하지만 오래되면 비늘처럼 떨어지며 피목이 옆으로 발달한다.
원대가 갈라지는 것이 많다

가치 / 용도

수형, 수피 및 단풍이 아름다워 독립수로 적합하며 공원, 아파트단지, 캠퍼스 및 대단위 조경단지용으로 알맞다.

한민족은 예부터 오래된 느티나무를 마을을 지켜주는 상징으로 여겨 왔다. 가지가 넓게 퍼지는 특성이 있어 그늘이 많아 정자 근처에 많이 심었다. 느티나무, 팽나무, 은행나무를 3대 정자나무라고 말한다. 옛날에 20리마다 심어서 스무나무 혹은 시무나무라고도 했다.
도시 내에서도 적응력이 높아 그늘과 녹음이 절실히 요구되는 도시 내에서의 이용이 적극 권장되는 수종이며, 수형이 단정하여 잔디밭 위에 식재하여도 잘 어울린다.

75. 능소화

과명 : 능소화과
학명 : Campwis grandiflora K. Schum.
생육지역 : 중부이남, 중부, 남부, 남해안, 제주도
원산지 : 중국
성상 : 낙엽활엽만경목
수형 : 덩굴 형
개화기 : 7~8월
화색 :적황색
수고 : 10m내외
결실기 : 10월

외형적 특성

잎 :

대생으로 기수1회우상복엽이며 소엽은 7~9개이다. 잎의 모양은 난형 또는 난상피침형이며 점첨두이고 넓은 예저로 길이는 3~6㎝ 정도이다. 잎의 양면에 털이 없으며 가장자리는 거치가 있다.

꽃 :

어린 가지 끝에서 원추화서가 달리며 꽃받침은 길이 3㎝이며 5개로 갈라진다. 화관은 직경 6~7㎝이며 깔대기 비슷한 종형이며 끝이 5개로 갈라진다. 수술은 4개이며 2개는 길고 2개는 짧다.

열매 :

삭과로 네모지며 끝이 둔하고 2개로 갈라진다.

수피 및 가지 :

줄기마다 기근이 나와서 나무나 건물의 벽을 기어오르며 자란다. 수피는 회갈색으로 세로로 벗겨진다.

가치 / 용도

줄기에 기근의 일종인 흡판이 있어 벽에 잘 붙으며 거친 거치가 있는 대생하는 잎이 특이하다.파고라 또는 담장이나 죽은 나무에 올려도 좋고 사찰조경에 있어서도 적합하다.
정상인이 능소화 꽃 냄새를 깊이 맡으면 냄새에 도취되고 중독되어 정신이상이 된다고 하며 또한 뇌를 손상한 정신 이상자가 이 능소화의 꽃 향기에 깊이 빠지면 정신을 찾는다고 전해진다.
능소화와 각종 약재를 함께 달인 물은 당뇨예방, 지방간, 피가 탁할 때, 비만예방, 현대병 예방 등 효과가 있다.

ㄷ:

다래나무/다정큼나무/단풍나무/담팔수/대추나무/떡갈나무/댕댕이나무/돈나무/돌감나무/돌배나무/
동백나무/두충나무/둥근잎 광나무/드릅나무/들메나무/등나무/때죽나무

76. 다래나무

과명 : 다래나무 과
학명 : Actinidia arguta Planch.
생육지역 : 전국 각처의 산골짜기에 자생
원산지 : 한국, 중국, 일본
성상 : 낙엽활엽만경목
수형 : 덩굴형
개화기 : 6–7월
화색 : 백색
길이:10m
결실기 : 9–10월
열매 색 : 황 녹색

외형적 특성

잎 :

호생하고 타원형, 장난형으로 길이 6~12㎝, 넓이 3.5~7.0㎝로 점첨두, 원저이고 침상의 거치가 있다. 잎 표면은 녹색으로 광택이 있으며, 뒷면은 담녹색이고 중륵의 맥액에 갈색 털이 있다. 엽병은 3~8㎝로 흔히 복모가 있다.

꽃 :

이가화로 마치 매화꽃과 같이 생겼으며 수꽃은 엽액에 취산화서로 3~10개가 달리며 백색으로 피고 지름 2㎝정도이며 수술이 많다. 암꽃은 엽액에 1개씩 피며 자방은 타원형이다. 꽃받침과 꽃잎은 각각 5개씩이며 화서에 담갈색의 부드러운 털이 있다.

열매 :

열매는 길이 2.5㎝내외의 연한 황 녹색 장과로 난상 원형이고 털이 없다.

수피 및 가지 :

줄기는 곧고 갈색이며, 골속은 갈색이고 계단모양이다. 어린 가지에 잔털이 있으며 수직방향으로 피목이 발달해 있다.

가치 / 용도

넓은 타원형의 잎을 가졌으며 피복효과가 빨라 파고라 설치 시 빠른 시일 내에 그늘을 드리울 수 있다.
열매는 맛이 좋아 훌륭한 유실수이다.
우리나라 어디에서나 잘 자라는 덩굴성 목본류 (만경류)로서 예로부터 우리 조상들은 식용과 약용 등으로 이용해 왔다. 특히 수액은 민간요법으로 피로회복, 항암효과, 신장염 등 다양한 약효가 있다.

77. 다정큼나무

다정큼나무 ▼

과명 : 장미과
학명 : Rhaphiolepis umbellata Makino.
생육지역 : 제주도에서는 표고 700m까지, 전남 · 경남이남.
원산지 : 한국, 일본, 대만
성상 : 상록활엽관목
수형 : 원정 형
개화기 : 2~6월
화색 : 백색
수고 : 2~4m
결실기 : 11월
열매 색 : 흑색

외형적 특성

잎 :

호생하나 가지 끝에 모여 달리며 장타원형 또는 도란상 장타원형으로 둔두이고 길이는 3~10㎝, 넓이 2~4㎝이다. 얕은 둔거치가 있고 다소 뒤로 젖혀진다.

꽃 :

양성으로 꽃잎, 꽃받침은 각각 5개이며, 원추화서는 정생하며 갈색털이 있다가 없어진다. 꽃은 직경 2㎝정도이며 화병이나 꽃받침에 황갈색의 면모가 밀생한다.

열매 :

열매는 지름 7~10㎜의 구형으로 윤채가 돌고 1~2개의 종자가 들어있다.

수피 및 가지 :

줄기는 직립하며 어린 가지는 차바퀴모양으로 규칙적으로 돌아가면서 윤생하여 차륜매 (車輪梅)라하고 처음에는 면모로 덮여 있지만 곧 없어진다.

가치 / 용도

남부 해안지방에 자라는 상록관목으로 잎은 윤택이 있는 진녹색으로 전체적인 질감효과가 좋다.
원추상으로 피는 백색의 꽃과 초가을 암적색 또는 암청색으로 익는 열매는 모두 경관가치가 좋다.
독립수, 군식용, 경계식재용, 분식용 또는 생 울타리용으로 적합하다.

78. 단풍나무

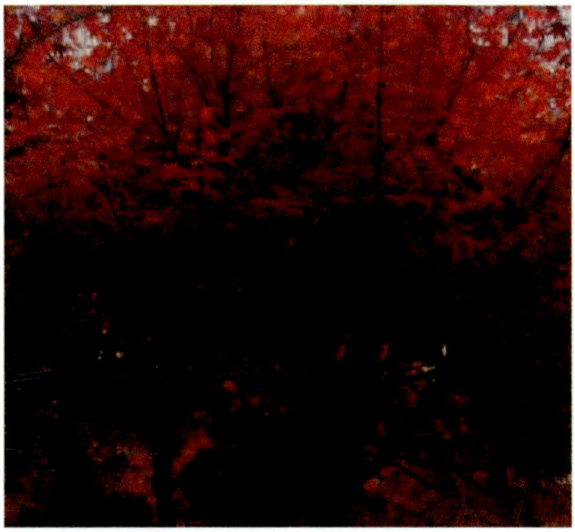

과명 : 단풍나무 과
학명 : Acer palmatum Thunb.
생육지역 : 제주도와 대둔산, 백양산의 표고 100~1,600m 사이의 계곡과 산록山麓에서 야생한다.
원산지 : 한국, 일본
성상 : 낙엽활엽교목
수형 : 원정 형
개화기 : 4~5월
화색 : 암홍색
수고 : 15m
단풍 색 : 적색
결실기 : 9~10월

외형적 특성

잎 :

대생하고 크기 5~6㎝로 원형에 가깝지만 장상이며 5~7개로 길게 갈라지고, 열편은 넓은 피침형으로 점첨두이며 심장저이고 복거치가 있다.

꽃 :

자웅동주로서 잡성화이며 산방화서에 달린다. 수꽃과 암꽃이 동일화서에 있으며 꽃잎이 없다. 수꽃은 꽃받침 잎이 5개, 수술이 8개이며 이중 4개는 다른 4개보다 짧다.

열매 :

시과로서 예각 또는 둔각으로 벌어지고 날개와 더불어 길이 1.5cm내외이다.

수피 및 가지 :

줄기는 밑에서부터 몇 개로 갈라지며 털이 없고 가늘며, 수피는 회갈색으로 평활하다.

가치 / 용도

단풍나무 류 중 잎이 가장 좁게 갈라진 나무로 수형의 단정함과 회갈색 수피가 아름다우며 잎의 질감이 좋고 붉은색 단풍이 아름답다. 경계식재용으로 쓰이고 요점식재나 군식을 한다.

소염작용, 해독작용, 청열해독, 행기지통, 배옹, 복통, 관절산통, 거풍습, 질타손상, 관절통, 골절, 풍습성으로 오는 사지마비동통, 무릎관절염 등에 효과가 있다.

79. 담팔수

과명 : 담팔수과
학명 : Elaeocarpus sylvestris var. elliptcus (THUNB.) HARA
생육지 : 해변과 북풍이 막힌 따뜻한 곳
분포지 : 제주도, 베트남, 태국, 중국 남부, 대만, 일본
성상 : 상록활엽교목.
수고 : 20m
화색 : 백색
개화기 : 7월
결실기 : 11월 중순

외형적 특성

잎 :

호생하고 두꺼우며 거꿀피침형이고 첨두, 예형이며 길이와 폭이 각 5 ~ 12cm × 2 ~ 4cm로, 표면에 윤채가 있고 뒷면은 회녹색을 띠며, 가장자리에 물결모양의 톱니가 있고, 잎자루 길이는 1.5 ~ 2cm이다.

꽃 :

암수한꽃으로 총상꽃차례. 길이 5 ~ 10cm로 털이 있고, 전년지의 잎겨드랑이에서 달리며, 꽃받침조각은 넓은 피침형 또는 피침형이며 길이 3 ~ 4mm이고 꽃잎은 5개로, 중앙까지 잘게 젖혀지며 길이는 4 ~ 5mm이다.

열매 :

핵과로 타원형이며 길이 20 ~ 25mm로 종자는 크고 겉에 주름이 진다.

수피 및 가지 :

높이가 20m에 달하고 일년생가지에 털 없다. 나무껍질은 회갈색으로 미끄러우며 내피에 탄닌이 함유되어 있다. 껍질은 회갈색으로 미끄러우며 내피에 타닌이 함유되어 있다.

가치 / 용도

우리나라에 몇 그루밖에 없는 희귀목이다. 수형과 단풍 또한 아름다워 가로수, 경관수로 이용되며 실내식물로도 이용되는 등 개발가치가 있다.
목재는 단단하고 치밀하여 가구재로 사용된다.

껍질은 염료재로 이용된다. 열매는 식용할 수 있다.
뿌리와 껍질은 약용으로 쓰는데 산어, 어혈을 제거하는 효능이 있고 소종, 옹저나 상처가 부은 것을 가라앉히는데 쓰인다.

80. 대추나무

과명 : 갈매나무과
학명 : Zizyphus jujuba var.inermis Rehder
생육지역 : 추운 고산지대를 제외한 전국의 표고 500m이하에서 자람.
원산지 : 한국, 일본, 중국
성상 : 낙엽활엽교목
수형 : 타원형, 원형
개화기 : 5~6월
화색 :담녹색
수고 : 8m
단풍 색 : 황색
결실기 : 9~10월
열매 색 : 적갈색

외형적 특성

잎 :

호생하며 난형이며 길이는 2~6cm, 폭은 1.0~2.5cm 정도로 광택이 난다. 잎 가장자리에는 둔한 거치가 있으며, 기부에서 3개의 큰 맥이 발달한다. 탁엽은 흔히 길이 3cm의 가시로 변한다.

꽃 :

양성화로서 액생하는 취산화서에 2~3개씩 달리며 짧은 화경이 있다. 연한녹색으로 5~6월경에 개화한다.

열매 :

핵과로서 타원형이며 길이는 2.5~3.5cm 정도이다.

수피 및 가지 :

줄기의 수피는 흑갈색이며 소지는 한 군데에서 여러 개가 나오고 일부는 떨어진다.

가치 / 용도

잎이 잔잔하고 광택이 아름답다. 정원과 공원에 심어 풍요로운 정서를 나타낼 수 있다.

강장작용, 강정작용, 이뇨작용, 장수작용, 근력강화작용, 체중 증가 작용, 간보호작용, 면역력증진작용, 긴장성 완화작용, 신경과민, 식욕부진, 류마티스성 관절염, 기력쇠약, 기침, 복통, 설사, 입안이 마르는데, 잘 놀라면서 가슴이 두근거리는 것을 치료하는데 효과가 있다.

81. 떡갈나무

과명 : 참나무 과
학명 : Quercus dentata
생육지역 : 전국 각지 산지, 바닷가, 야산, 섬 지방
성상 : 낙엽 활엽 교목
수고 : 20m 정도
개화기 : 5월
결실기 : 10월
화색 : 황갈색
열매 색 : 갈색

외형적 특성

잎 :

어긋나며 두껍고 가죽질인데 길이 5~42cm의 거꿀달걀꼴로서 끝이 둔하고 귀밑 모양인 밑도 둔하다. 가장자리에 4~8쌍의 둥글고 큰 톱니가 있다. 앞면은 윤기가 나고 뒷면에는 굵은 털이 빽빽하여 거칠다. 잎자루의 길이는 1~36mm이다. 잎은 마른 뒤에도 겨우내 붙어 있다가 새싹이 나올 때 떨어진다.

꽃 :

암수한그루이며 양성화이다. 수꽃이삭은 새 가지 밑의 잎겨드랑이에서 나와 밑으로 처지게 달리고, 암꽃이삭은 위에서 곧게 나와 몇 개의 암꽃이 달린다. 수꽃에는 4~20개의 수술과 5~11개의 꽃 덮이 조각이 있으며, 암꽃에는 6개의 꽃 덮이 조각과 2~4개의 암술머리가 있다.

열매 :

견과인 도토리가 길이 10~27mm의 긴 타원형으로 달려 익는다. 열매를 감싸는 깍정이는 뒤로 젖혀진 댓잎피침형의 꽃 턱잎으로 덮여 있다.

가치 / 용도

민간에서는 떡을 찔 때 밑에 깐다 하여 떡깔나무라고 하던 것이 갈참나무라는 이름과 어우러져 떡갈나무라고 전해진다. 도토리묵은 한국 고유의 민속 음식으로서 오래 전부터 구황식이나 별식으로 이용되어 왔다.

간 기능회복, 강장보호, 악창, 응체, 적탁, 행혈, 황달에 효험이 있으며 약으로 쓸 때는 주로 탕으로 하여 사용한다.

82. 댕댕이나무 (하니베리)

과명 : 인동과
학명 : Lonicera coerulea var.edulis Regel
생육지역 : 전남 및 강원도 이북(백두산)에 자생
성상 : 낙엽활엽관목
수형 : 원정 형
개화기 : 5~6월
화색 : 황백색
수고 : 1.5m
결실기 : 7~8월
열매 색 : 자흑색

외형적 특성

잎 :

대생하며 길이1~4㎝, 너비1㎝로서 피침형 또는 타원형이며 둔두 또는 첨두이고 예저이며 거치가 없다. 잎 표면에 털이 있으나 없는 경우도 있으며 잎 뒷면에는 융모가 있다.

꽃 :

화경은 길이2~10㎜로서 털이 있고 포는 길이 5~8㎜로서 털이 있다. 화관은 깔대기 모양이며 소포는 유합되어 꽃받침 통을 둘러싼다. 꽃받침은 톱니처럼 5개로 갈라지고 화관은 황백색이며 원통형의 종모양이며 길이1.2~1.5cm로서 털이 약간 있다.

열매 :

장과로서 타원형 또는 거의 원형이고 지름은 2~3㎜이고 흰 가루로 덮여 있는데 열매는 생으로 먹고 과즙이나 청량음료를 만들어 먹는다.

수피 및 가지 :

소지의 마디에는 포엽이 붙어 있고 골속은 희며 골속이 꽉 차있다. 가지가 잘 발달 하며 골속이 충실하고 소지에 밀모가 있다.

가치 / 용도

2개의 품종 이상 혼식을 권장하며 수확 시기는 열매가 짙은 보라색일 때 수확하는 것이 좋다.

고대서부터 "불로장생의 묘약" "환상의 열매"로 잘 알려져 왔으며 독특한 풍미와 새콤달콤한 열매는 칼슘과 철분 등 각종 미네랄 등이 풍부하고 안토시아닌은 블루베리의 3배 이상 포함되어 있다. 간 기능 활성화 및 세포 재생에 뛰어난 효능이 있다.

83. 돈나무

과명 : 돈나무 과
학명 : Pittosporum tobira Aiton
생육지역 : 우리나라 전 지역
원산지 : 한국
성상 : 상록활엽관목
수형 : 원정 형
개화기 : 5~6월
결실기 : 10월
열매 색 : 연녹색

외형적 특성

잎 :

호생하지만 가지 끝에 모여 달리고 긴 도란형이며 둔두, 예저로 거치가 없고 뒤로 약간 말리며 건조하면 더 많이 말린다. 길이 4~10㎝, 넓이 2~3㎝로 두껍고 광택이 있어 반들반들하고 짙은 녹색이다.

꽃 :

자웅이주로서 가지 끝에 취산화서가 달리며 향기가 있다. 양성화이지만 수나무에 있는 암술은 기능이 퇴화되어 있고 꽃받침, 꽃잎, 수술은 각각 5개이다.

열매 :

1.0~1.5㎝크기의 동그란 열매는 삭과로서 누렇게 익으며 짧은 털이 밀생하고, 두꺼운 겹질이 셋으로 갈라지며 그 속에 붉은 점액에 싸인 종자가 여러 개 들어 있다.

수피 및 가지 :

가지는 줄기 밑 둥에서 여러 갈래로 갈라져 총생하고 수관은 반원형의 단정한 모습을 한다.

가치 / 용도

정원수, 공원수, 관상수, 방풍림, 독립수, 생 울타리 용으로 적합하다.

달여서 먹으면 고혈압, 동맥경화 등에 효과가 있고 환부에 붙이면 습진, 종독 등을 치료하는데 효과가 있다.

84. 돌감나무

과명 : 감나무 과
학명 : var. sylvestries
생육지역 : 남부지방의 산지에 자생
원산지 : 한국, 중국, 일본
성상 : 낙엽활엽교목
수형 : 원정 형
개화기 : 5~6월
화색 : 황백색
수고 : 15~20m
단풍 색 : 적색
결실기 : 10월
열매 색 : 황홍 색

외형적 특성

잎 :

호생하며 혁질이고 길이 7~17㎝, 넓이 4~10㎝로서 도란형 또는 넓은 타원형이며 첨두이거나 둔두이며, 예저이거나 원저이고 가장자리는 밋밋하다.

꽃 :

양성화 또는 단성화로서 엽액에 달린다. 수꽃은 길이가 1㎝로서 16개의 수술이 있으나 양성화에는 4~16개의 수술이 있다. 암꽃에서 암술은 길이1.5~1.8㎝이며 자방은 8실이다.

열매 :

열매는 편구 형으로 감나무보다 훨씬 작다.

수피 및 가지 :

수피는 콜크화되며 잘게 갈라지고 회 흑갈색이다. 어린 가지에 갈색 털이 있다.

가치 / 용도

우리나라 전통조경양식에 어울리는 대표적인 조경 수목으로 꼽을 만큼의 아름다움이 있다.
녹음수로 이용하고 주택정원, 공원의 경관수로도 이용하며 단식은 물론 군식하여도 좋다.

감 꼭지는 위의 찬 기운이나 역한 기운이 위로 역상하는 것을 내리므로 딸꾹질에 탁월한 반응을 보인다.
열매는 열이 나면서 갈증을 느끼는 증상에 쓰이며 해수 토혈 구내염에도 효력이 있다.
곶감은 토혈 각혈 소변출혈 장출혈에 지혈 반응을 보이고 이질에도 쓰인다.

85. 돌배나무

과명 : 장미과
학명 : Pyrus pyrifolia Nak.
생육지역 : 중부이남의 산야
성상 : 낙엽활엽교목
수고 : 5m
수형 : 평정 형
화색 : 백색
개화기 : 4~5월
열매 색 : 다갈색

외형적 특성

잎 :

난상 장타원형 또는 넓은 난형으로 긴 점첨두이며 기부는 원저 또는 아심장저이며 길이 7~12cm이다. 가장자리에 침상 거치가 있고 엽병의 길이는 3~7cm이다.

꽃 :

가지의 끝에 산방화서 비슷한 지름 약 3cm.

열매 :

둥글고 직경 2~3cm로서 꽃받침이 떨어지고 과경은 길이 3~5cm 이다.

수피 및 가지 :

어린 가지는 갈색이며 처음에는 털이 있으나 없어진다.

가치 / 용도

돌배나무는 재질이 좋아 여러 용도로 사용된다. 경남 합천 해인사 팔만대장경은 몇 종류의 나무로 만들었는데 이중 돌배나무도 많이 사용되었다고 한다.
결이 곧고 비틀림이 적어 가구재, 조각재로 사용되는데 국악기를 만드는 재료로도 아주 좋은데 소재가 아주 귀한 편에 속한다. 돌배나무는 잘 썩지 않는다.

갈증을 해소하는 효과가 있으며 열을 다스리거나 변비에도 효과가 있다.
잎은 약 성분이 좋아서 잘 삶은 뒤에 즙을 내어서 먹으면 버섯에 대한 중독이나 구토 증상에 효과가 있다.
껍질을 잘 말려서 달여 먹으며 구토와 종창에 좋은 효과가 알려져 있다.

86. 동백나무

과명 : 차나무 과
학명 : Camellia japonica L.
생육지역 : 울릉도를 비롯한 남쪽해안지대에서 황해도 서해안 지대에 분포
원산지 : 한국, 일본, 아시아온대
성상 : 상록활엽교목
수형 : 원정 형
개화기 : 2~4월
화색 : 백색, 주홍색
수고 : 10~15m
결실기 : 9~11월
열매 색 : 흑색

외형적 특성

잎 :

호생, 타원형 또는 장타원형이고 점첨두, 예저이며 파상의 거치가 있다. 길이 5~12㎝, 넓이 3~7㎝로 표면은 짙은 녹색이고 혁질로 광택이 있으며, 뒷면은 담록색으로 Cork warts라는 갈색의 선점이 조밀하게 밀집되어 있다. 이것은 동백나무 속의 식별상 주요한 거점이 된다.

꽃 :

꽃은 양성화로 적색이며 한 개씩 정생 또는 액생하고, 꽃받침과 꽃잎은 5~7개씩이며 꽃 밥은 황색이고 암술대는 3개로 갈라진다.

열매 :

열매는 삭과로 둥글며 지름 3~4㎝이며 암갈색의 종자가 들어있다. 성숙하면 3개로 갈라진다.

수피 및 가지 :

수간은 다소 직간성이며, 수피는 회갈색으로 흑색의 피목이 발달되어 있고, 엽흔의 형태는 타원형이다. 지역에 따라 절간의 생장 길이에 대한 차이가 많다.

가치 / 용도

관상가치가 높아 생울타리 · 가로수로 쓰이며, 단식 · 군식 · 혼식을 해도 좋다. 재질이 단단해서 얼레빗 · 다식판 · 장기쪽 · 가구 등 다양한 생활용구를 만드는 재료로 쓰인다. 동백기름은 여인의 화장용품으로 머릿결을 다듬는 용도로 유명하다. 식용이나 등화유, 정밀기계의 윤활 작용을 하는 기계유로도 쓰인다. 화력이 좋아 한때는 땔감으로 많이 쓰였다. 잎을 태운 재는 자색을 내는 유약으로도 쓰였다. 그늘에 말린 동백나무의 흰 꽃을 물에 끓여 마시면 여자의 하혈에 좋고, 토혈에는 꽃 · 열매 · 잎 · 줄기를 끓인 물을 마시면 좋아진다. 일본 사람들이 동백꽃을 좋아해서 일본에서 개량한 품종만도 3백 여 종이 넘는다.

87. 두충나무

과명 : 두충과
학명 : Eucommia ulmoides
원산지 : 중국
생육지 : 전국 산과 들
성상 : 낙엽교목
수고 : 10m ~ 15m
개화기 : 4월

외형적 특성

잎 :

호생하며 타원형이고 넓은 예저, 듀저 또는 예저이며 끝이 갑자기 좁아져서 뾰족해지고 길이 5~16cm, 나비 2~7cm로서 양면에 털이 거의 없으나 맥 위에는 잔털이 있으며 가장자리에 예리한 톱니가 있고 엽병은 길이 1cm정도로서 잔털이 있다.

꽃 :

2가화로서 화피가 없으며 수꽃은 화경과 4~10개의 수술이 있고 암꽃은 짧은 화경이 있으며 새가지 밑 부분에 달린다. 자방은 2개의 심피가 합쳐지고 1개의 방은 퇴화되고 1실로 되며 끝이 2개로 갈라져서 암술머리로 된다.

열매 :

편평한 긴 타원형이고 날개가 있으며 날개와 더불어 대를 제외한 길이가 3cm이고 중앙부의 나비가 1cm이며 대는 길이 6mm정도이다. 열매를 자르면 고무 같은 점질의 실이 나온다.

가치 / 용도

야생에서는 멸종되었으나 껍질이 한약재로 사용되기 때문에 널리 재배된다.

잎과 씨도 말려서 약으로 쓴다.
효능 중에서 칼슘도 많아 근육들과 뼈를 튼튼하게 해주며 관절통과 관절염에 효과가 있다.
진액은 스테미너 향상에 효과가 있다.
혈당량을 낮춰주고 콜레스테롤 수치를 잡아주고 개선 효과가 있다.
고혈압 환자에게 효과 있으며 각종 염증에 효과가 있다.

88. 둥근잎 광나무

과명 : 물푸레나무 과
학명 : var. rotundifolium Blume
생육지역 : 전남, 경남 이남, 경북 지역 및 남해 도서지방에 자생
원산지 : 한국, 일본
성상 : 상록활엽교목
수형 : 원정 형
개화기 : 7~8월
화색 : 백색
수고 : 3~5m
결실기 : 10월
열매 색 : 자흑색

외형적 특성

잎 :

대생하며 길이 3~10㎝, 너비 2.5~4.5㎝인 혁질로서 약간 원형이다.

꽃 :

길이 5~12㎝의 복총상화서가 햇가지 끝에 달리며 길이와 폭은 각각 5~12㎜이다. 화관은 길이 5~6㎜이며 깊게 4개로 갈라지며 수술 2개, 암술 1개가 있다.

열매 :

핵과로서 열매는 작은 구형이다.

수피 및 가지 :

가지에 잔털이 있다.

가치 / 용도

난상 타원형의 광택 있는 잎이 특징이다.
대기오염, 조해, 병충해에도 강하고 척박한 토양에서도 잘 자란다. 내한성이 비교적 약하여 중 부 지방에서 생육이 가능하다. 차폐식재, 생 울타리, 경계식재용으로 주로 이용한다.

광나무는 잎, 열매, 가지 등 어느 부분이나 약으로 쓸 수 있다.
남성의 정력을 높이는 만니톤, 여성의 성감을 높이는 시링긴 등의 성분이 들어 있다.
불면증, 식욕부진, 고혈압, 신경통, 관절염, 근육통 등이 낫거나 예방 된다.
간암, 위암, 백혈병, 식도암 등에 효과가 있다.

89. 드릅나무

과명 : 두릅나무 과
학명 : Aralia elata SEEM
생육지 : 전국 산의 양지쪽 계곡, 또는 자갈 쌓인 곳.
분포지역 : 한국을 포함한 환동해 지역 전역에 골고루 분포.
개화기 : 8~9월
화색 : 백색
결실기 : 10월
열매 색 : 흑색

외형적 특성

잎 :

2회 기수우상복엽으로 엽축, 잎자루, 작은 잎에 모두 가시가 있고, 표면은 짙은 녹색이다. 맥 위에 억센 털이 산생(散生)하고, 뒷면에는 황갈색 굽은 털이 밀생한다.

꽃 :

우산모양꽃차례이면서 복총상의 고깔꽃차례다. 쌀알 만한 꽃이 밀생하며, 충매화이다.

열매 :

알갱이열매로 액질이 많다. 그 속에 갈색 종자가 5개 들어 있고, 주로 조류 산포한다.

수피 및 가지 :

낙엽 소교목으로 전체에 예리한 침이 있고, 윗부분에 수평으로 퍼져 난 잎 차례 때문에 우산을 펼친 것 같은 수형이 된다.

가치 / 용도

이른 봄 어린 순을 수 차례 채취할 수 있다. 상큼한 향이 입맛을 돌게 하는 건강 식재료로 인기가 높다. 두릅나무는 성장에 필수적인 조직인 독특하고 탁월한 재생 능력이 있는 싹 덕택에 그렇게 줄기 끝을 뜯겨도 살아갈 수 있다.
나무껍질과 뿌리는 약제로 쓰이고 있으며 건위, 진통, 거풍, 강신장염, 각기, 수종, 당뇨, 신경쇠약, 발기력 부족, 관절염 등의 치료약으로 쓰인다.
요리는 데침, 튀김, 나물, 샐러드, 연한뿌리 무침, 생즙가공 등 반찬과 안주로 쓰인다.
목재는 붉은 색을 띠고 가볍고 부드러워 낚시의 부표로도 사용되고, 성냥개비 나무 자루 같은 것을 만드는데 사용한다.

90. 들메나무

과명 : 물푸레나무 과
학명 : Fraxinus mandshurica
성상 : 낙엽교목.
원산지 : 한국, 중국, 일본
서식지 : 깊은 산골짜기 습지에 자란다.
수고 : 30m
개화기 : 5월
결실기 : 9~10월

외형적 특성

잎 :

대생하고 날개깃처럼 갈라진 9~11장의 산잎으로 이루어졌는데 잔잎은 긴 타원형으로 잎 끝이 때때로 꼬리처럼 길어지기도 한다. 잎 앞면은 진한 초록색이며 털이 없으나, 잎 뒷면은 연한 초록색이고 맥 위에 털이 있으며 특히 잎 밑쪽에 갈색 털이 많다.

꽃 :

암꽃과 수꽃이 따로따로 총상꽃차례를 이루어 피는데, 꽃차례는 지난해에 만들어진 가지의 잎겨드랑이에서 나온다. 꽃잎과 꽃받침 잎이 없이 수꽃은 2갈래로 나누어진 수술로만, 암꽃은 2개의 수술과 1개의 암술로만 되어 있다.

열매 :

열매는 날개가 달린 시과로 열매 끝이 조금 움푹 패어 있다.

수피 및 가지 :

어린 가지는 초록빛이 도는 갈색이다

가치 / 용도

목재는 건축재 · 기구재 · 선박재 등으로 쓰인다.
들메나무의 새순은 들미순이라 하여 나물로 먹는다.
뿌리껍질을 수곡유피라 하여 약용한다. 약효는 해열, 지혈, 이뇨, 진통의 효능이 있고 풍습, 간질, 안질 등을 치료한다

91. 등나무

과명 : 콩 과
학명 : Wisteria floribunda
원산지 : 한국
생육지 : 전국 비옥한 계곡이나 산기슭
분포지역 : 한국, 중국, 일본 등 동아시아
성상 : 낙엽 만경식물.
수고 : 10m
화색 : 연한 자주색
개화기 : 5월
결실기 : 9월

외형적 특성

잎 :

어긋나고 13~19장의 잔 잎들이 날개 깃 처럼 달려 있는 겹잎이며 잔 잎은 난형이다. 잎의 앞뒤에 털이 있으나 자라면서 없어지고 잎 가장자리는 밋밋하다.

꽃 :

가지 끝이나 잎 겨드랑이에 총상꽃차례를 이루어 핀다.

열매 :

잔털이 있는 협과는 익으면 양쪽으로 갈라지면서 그 속에 들어 있던 씨들이 멀리 퍼진다.

수피 및 가지 :

어린 가지는 밤색 또는 회색의 얇은 막으로 싸여 있다. 생장력이 몹시 왕성하여 덩굴이 200m까지 뻗은 것도 있다. 줄기는 오른쪽에서 왼쪽으로 감아 올라간다.

가치 / 용도

초여름에 피는 꽃이 아름답고, 은은한 향기도 좋으며, 한여름 철에는 그늘이 좋아 정원수로 흔히 심는다. 줄기를 가지고 가구나 집안의 장식품을 만들며, 제지의 원료, 줄의 대용으로도 이용된다.

등나무의 새순을 등채라 하여 삶아서 나물로 무쳐 먹고, 잎, 꽃, 덜 익은 씨앗 등을 먹는다.

뿌리는 근육통이나 관절염, 부인병에 달여 먹으면 효과가 있다. 등나무의 혹이 암에 좋다고 하여 민간에서 많이 이용되고 있다.

92. 때죽나무

과명 : 때죽나무 과
학명 : Styrax japonicus Sieb. et Zucc.
원산지 : 한국, 중국, 일본, 필리핀
생육지 : 전국 각지 산야. 물기가 많은 토양
분포지 : 중국, 인도, 미얀마, 라오스, 베트남, 필리핀, 일본
성상 : 낙엽 활엽 소 교목.
수고 : 15~20㎝
화색 : 흰색
개화기 : 5~6월
결실기 : 9월
열매 색 : 갈색

외형적 특성

잎 :

어긋나며, 난형 또는 긴 타원형, 길이 2-8cm, 폭 2-4cm다. 잎자루는 길이 5-10mm다.

꽃 :

잎 겨드랑이에서 난 총상꽃차례에 2-5개씩 달리며, 지름 1.5-3.5cm, 향기가 좋다. 꽃자루는 길이 1-3cm이며, 가늘다. 수술은 10개이며, 길이 1.0-1.5cm, 아래쪽에 흰 털이 있다. 열매는 핵과이며, 둥글고, 완전히 익으면 껍질이 벗겨지고 씨가 나온다.

열매 :

삭과상(蒴果狀) 핵과로 달걀 모양의 원형이다. 열매껍질이 불규칙하게 갈라진다.

수피 및 가지 :

줄기는 곧으며 밑에서 많은 줄기를 내어 모여 있는 모양을 한다. 수피는 흑갈색으로 세로로 줄이 졌으며 나무껍질이 세로로 일어난다. 가지는 옆으로 많이 자란다. 어린 가지는 연녹색이며 별 털이 있다가 없어진다.

가치 / 용도

관상용으로 정원에 흔히 심는다. 이식 력이 우수하여 최근에는 생태하천 조성의 기본 수종으로 수요가 급증하고 있다.

열매는 비누로 만들기도 하고, 감기약, 항균제 등의 약으로 쓴다. 열매의 과피는 물에 불려 그 물로 빨래를 했으며, 열매를 짓찧어서 강에 풀어 물고기를 잡는 어독(魚毒)으로 이용하기도 했다.
씨는 지방이 많아 기름을 짜서 등유로 사용하기도 했으며 머릿기름으로도 이용했다

한국나무도감

ㄹ :

라일락/레몬/리기다소나무/리기테다 소나무/루브라 참나무

93. 라일락

과명 : 물푸레나무 과
학명 : Syringa vulgaris L.
생육지역 : 우리나라 전역.
원산지 : 유럽
성상 : 낙엽활엽관목
수형 : 타원형
개화기 : 4~5월
화색 : 자색
수고 : 2–7m
단풍 색 : 적색
결실기 : 9월

외형적 특성

잎 :

대생하며 길이 4~10㎝, 넓이 2.5~6㎝이며 난형 또는 넓은 난형이며 첨두이고 기부는 절저 또는 아심장저이다. 가장자리에 거치가 없으며 잎 뒷면은 담 록색을 띤다.

꽃 :

전년지 끝에서 길이 10~20㎝의 원추화서가 나오며 향기가 강하다. 화관통부의 길이는 10㎜정도이며 4개로 갈라진다.

열매 :

삭과로서 길이 1.5㎝내외이며 과피에 피목이 없으며 평활하다. 수수꽃다리와 비슷하지만 화관통부의 길이가 짧다.

수피 및 가지 :

노령목이 되면 줄기가 꼬여 자라고 수피는 세로로 길게 찢어진다.

가치 / 용도

화색이 아름답고 향이 매우 진하고, 달콤하여 봄의 향취를 돋운다.
수형도 아름다우나 잎이 너무 무성해지므로 다듬기 정도의 전정을 고려해야 한다.
정원이나 공원에 적당하며, 공해 병충해에 강하므로 특히 도시공원에 식재하면 좋다.

한약재로 쓰이며 이질에 효과가 있다.

94. 레몬

레몬 ▼

과명 : 운향 과
학명 :Citrus limonium Risso
생육지역 : 전 세계
원산지 : 히말라야 서부 및 말레이시아
수형 : 원정 형
개화기 : 5월
화색 : 연한 자색
수고 : 4~6m
결실기 : 10월
열매 색 : 노란색

외형적 특성

잎 :

길이 10cm정도의 타원형이며 엽병에 날개가 없다.

꽃 :

꽃잎은 5개이다.

열매 :

타원형으로 길이8~10cm이며 선단이 유두상으로 볼록하다. 완전히 익기 전인 껍질이 녹색일 때 수확하여 익힌다. 종자는 달걀 모양이고 양끝이 뾰족하다.

수피 및 가지 :

가시가 있는 것과 없는 것이 있다.

가치 / 용도

풍부하게 함유되어 있는 비타민C와 사과산, 플라보노이드 성분들이 피부미백이나 모공에 쌓여있는 노폐물들을 배출해주는 효능을 가지고 있어 피부미용에 레몬효능이 있다.
체온이 내려가는 것을 막아주고 세균에 대한 저항력을 높여주는 성분을 포함하고 있으며, 특히 비타민C가 풍부하여 감기예방에 레몬의 효능이 있다.
풍부하게 함유된 구연산은 체내의 노폐물들을 제거해주고 피로회복에 뛰어난 효능을 가지고 있다.
괴혈병 치료에 효능이 있으며 모세혈관을 강화시켜주는 효능을 가지고 있다.
식욕이 떨어지거나 입맛이 없을 때 식욕을 증진 효과가 있다.

95. 리기다소나무

과명 : 소나무 과
학명 : Pinus rigida Mill.
생육지역 : 우리나라 전 지역에 생육이 가능
원산지 : 북아메리카 동북부
성상 : 상록침엽교목
수형 : 원추 형
개화기 : 5월
화색 : 황자 색
수고 : 25m
결실기 : 다음해9월
열매 색 : 갈색

외형적 특성

잎 :

상록성의 침형으로 3개씩 속생하나 간혹 4개인 경우도 있으며, 길이는 7~14㎝로서 비틀리고 잔 톱니가 있다. 잎 횡단면의 송진 구멍은 2~11개로 중위이거나 내위이다.

꽃 :

자웅일가화로 수꽃 이삭은 긴 원주형이며 황 자색이고, 암꽃이삭은 난형으로 붉은 반점이 박힌 담녹색이다.

열매 :

솔방울은 난상 원추형으로 길이 3~7㎝이고 구과는 다년간 가지에 붙어 있다. 종자는 날개가 있고 난상 3각형으로 흑갈색이며 과실의 인편 끝에는 갈고리 모양의 가시가 있다.

수피 및 가지 :

가지는 옆으로 퍼지고 수피는 흑갈색이며, 소지는 담갈색이다. 맹아력이 강해 줄기에서 싹 눈이 잘 나오는 것이 특징(소나무와 구별)이며 동아는 갈색이다.

가치 / 용도

조경용으로는 거의 이용하고 있지 않다.
척박한 장소에서 생육이 양호하여 절개지, 암반층의 조림용 등 이러한 곳에 군식하여 녹지보전용으로 이용한다.
건조지와 습지에도 어느 정도 잘 견딘다.

96. 리기테다 소나무

과명 : 소나무 과
학명 : Pinus rigitaeda
성상 : 상록침엽교목
수형 : 원추형
개화기 : 4~5월
수고 : 30m
결실기 : 다음해9월

외형적 특성

잎 :

잎의 크기, 특성, 재질, 내한성 등이 리기다와 테다의 중간정도의 특성을 갖는다.

수피 및 가지 :

나무의 겉 표면은 매우 거칠고 결이 곧게 뻗는다.

가치 / 용도

리기다소나무보다 잎의 길이가 길고 특이해 정원수, 독립수로의 이용이 가능.
리기다소나무와 유사하게 절개지, 암반층의 조림용으로 적합.
생장이 느린 리기다소나무와 내한성이 약한 테다소나무의 결점을 보완하기 위하여 1950년에 임목육종연구소에서 리기다소나무를 모수로 교잡한 교잡종이다.

97. 루브라 참나무

과명 : 참나무 과
학명 : Quercus rubra
원산지 : 북아메리카
성상 : 낙엽활엽교목
수고 : 20m
단풍 색 : 적색
열매 색 : 갈색

외형적 특성

잎 :

잎은 어긋나고, 길이는 8~20cm이며 가장자리에 3~7개의 큰 톱니가 있다.
잎 뒷면에 회색 털이 나 있다. 결각이 깊지 않고 잎이 넓다.

열매 :

구형 또는 타원형이며 길이 2~3cm이다.

수피 및 가지 :

나무껍질은 회색이고 매끈하나 오래되면 얇게 터진다. 1년생 가지는 불그스름한 갈색이다.

가치 / 용도

나무는 빨리 자라며, 추위에 강하여 −40℃ 이상에서도 잘 견딘다.
가을에 붉은 색으로 물들어 가로수로 이용되며, 공원, 유원지 등에 적합하다.
목재는 가구재, 바닥재, 무늬목 등으로 쓰이는 고급목재이다.

현재 국내에서 쓰이는 루브라 참나무는 모두 북미에서 들여오고 있으나 시험조림이 성공하면 수입대체 효과를 얻을 수 있다.

한국나무도감

ㅁ:

마가목/만리화/망개나무/먼나무/매실나무/매자나무/맹종죽/메타세콰이어/명자나무/모감주나무/
모과나무/목련/목서/무궁화/무화과/물박달나무/물푸레나무/미선나무/미측백/미니백일홍/

98. 마가목

과명 : 장미과
학명 : Sorbus commixta
생육지 : 강원도 이남 지역, 울릉도. 높은 산의 능선에 주로 자란다.
분포지역 : 한국, 사할린, 일본
수고 : 6–8m
성상 : 낙엽 작은키나무
개화기 : 5–6월
화색 : 흰색
개화기 : 10월
열매 색 : 붉은 색

외형적 특성

잎 :

긴 잎 대궁의 좌우에 작은 잎이 10여 개씩 붙어 있는 전형적인 겹잎이다. 작은 잎은 손가락 두세 마디 길이이며, 가장자리에 제법 날카로운 톱니가 촘촘하다.

꽃 :

늦봄에서부터 초여름에 걸쳐 가지 끝에서 여러 개의 꽃대가 올라와 우산모양으로 수많은 하얀 꽃이 핀다. 손톱 크기 남짓한 꽃이지만 무리를 이루어 피는 모습은 초록 톱니 잎과 잘 어울린다.

열매 :

수많은 꽃 핀 자리마다 굵은 콩알 굵기만 한 동그란 열매가 익는다. 초록색 잎이 그대로인 채로 빨간 열매가 무더기를 이루어 아름답다.

가치 / 용도

가로수, 조경수로 심는다. 많은 수의 열매가 익었을 때 경관이 매우 뛰어나 관상용으로 재배한다.
수피와 열매와 껍질을 약용하며, 기침, 천식을 비롯해 기타 폐 질환을 치료하는 데 쓰인다. 동맥경화의 치료, 항산화제, 항염 작용이 있어 약재로 쓰인다.
열매는 술을 담기도 한다. 열매에서 알레르기를 예방하는 효능이 있는 것으로 알려진 성분이 추출되어 연구 중이다.
목재는 조각재나 지팡이를 만드는 데 쓰인다.

99. 만리화

과명 : 물푸레나무 과
학명 : Forsythia ovata NAKAI.
생육지 : 경상북도 · 강원도 및 황해도의 산지
분포지 : 일본; 강원도 북부 및 황해도.
성상 : 낙엽활엽관목.
수고 : 1~1.5m
화색 : 노란색
개화기 : 4월
결실기 : 8월 ~ 9월

외형적 특성

잎 :

마주 나고 넓은 달걀모양이고 끝이 길게 뾰족하며 밑은 예저(銳底) 또는 아심저(亞心底)로서 녹색이다. 뒷면은 담녹색이며 가장자리에 얕은 잔 톱니가 있거나 거의 없고 잎자루는 길이 8~12㎜이다.

꽃 :

잎보다 먼저 피고 지름 3㎝로서 잎겨드랑이에 1개씩 달리고 길이 6㎜ 정도의 작은 꽃자루가 있다. 꽃받침 잎은 넓은 달걀모양이며 꽃부리는 길이 1.5~2㎝로서 밝은 황색이고 열편은 긴 타원형이다.

열매 :

달걀모양이며 길이 10㎜, 지름 5㎜로서 9월에 성숙한다. 겉은 편평하고 소과경은 길이 2~3㎜이다. 종자는 다각형이며 길이 5~6㎜, 너비 1.2~2㎜이다.

수피 및 가지 :

가지는 회색 또는 검은 회색이며 피목이 있다.
나무껍질은 회색 또는 암회색이고 껍질눈이 산재하며 일년생가지의 속은 갈색으로 계단상이다.

가치 / 용도

바닷가나 대기오염이 심한 지역에서도 개화와 결실이 잘된다. 생 울타리로 식재하거나 관상용으로 이용한다.
과실을 연교, 뿌리는 연교근, 잎은 연교경엽이라 하며 약용하는데 청열, 해독,산결, 소종의 효능이 있고, 온열, 단독, 성홍열 등의 피부발진, 옹양종독, 나력, 소변임폐를 치료한다.

100. 망개나무

과명 : 갈매나무 과
학명 : Berchemia berchemiaefolia (MAK.) KOIDZ.
생육지 :충청북도 속리산, 월악산, 주흘산, 경상북도 내연산 산지의 습기가 많고 토양이 비옥한 능선의 사면
분포지 : 중국, 일본
성상 : 낙엽교목.
수고 : 15m
화색 : 황색
개화기 : 6월
결실기 : 8월
열매 색 : 붉은색

외형적 특성

잎 :

어긋나며 긴 타원형 또는 난상 긴 타원형이고, 길이 7~12㎝, 너비 3~5㎝로서 표면에 털이 없으며, 뒷면은 분백색으로서 털이 없거나 엽액 근처에 털이 있다. 가장자리는 밋밋하거나 뚜렷하지 않은 파상의 톱니가 있다.

꽃 :

초여름 한 나무에 암꽃과 수꽃이 같이 피며, 동시에 일제히 피는 것이 아니라 계속하여 오랫동안 이어진다. 새끼손톱 반만 한 크기의 작은 연노랑 꽃이 짧은 꽃대를 뻗어 원뿔모양의 꽃차례에 달린다. 꽃이 적은 시기에 비교적 많은 꽃이 오래 피므로 밀원식물로 가치가 높다.

열매 :

핵과로서 팥알 크기의 긴 타원형이다.

수피 및 가지 :

가지는 적갈색이고 작은 피목(皮目)이 산재하며 곧게 뻗는다. 줄기는 나이를 먹으면 세로로 긴 그물모양으로 갈라지며 회흑색이 된다.

가치 / 용도

망개 잎은 옛날 냉장고가 없을 때 떡을 잎을 감싸서 보관했던 천연 방부제라고 한다.
뿌리는 사포닌이 풍부해서 인체에 유해한 니켈이나 카드뮴을 비롯한 각종 중금속을 해독해주는 역할을 하며 루틴성분이 풍부하게 많아 혈관의 벽을 강화시켜주고 콜레스테롤을 배출해주며 간 관련 질환에 망개나무 효능이 있다고 한다.
관상용으로도 심으며, 목재는 기구재, 조각재로 이용한다.

101. 먼나무

먼나무 ▼

과명 : 감탕나무 과
학명 : Ilex rotunda Thunb.
생육지역 : 제주도와 보길도의 표고 700m이하에서 자생.
원산지 : 한국, 일본, 중국
성상 : 상록활엽교목
수형 : 원정 형
개화기 : 5~6월
화색 : 담자색
수고 : 10m
결실기 :9월
열매 색 :적색

외형적 특성

잎 :

호생하고 혁질이며 길이 4~11㎝, 넓이 3~4㎝의 타원형으로 가장자리가 밋밋하고 잎이 마르면 갈색으로 변하며, 중륵이 표면에서는 들어가 있고 뒷면에서는 도드라져 있다. 엽병은 길이 1.2~2.8㎝이다.

꽃 :

자웅이가화로 새 가지에서 액생하는 잎보다 짧은 취산화서에 달리고 지름은 4㎜정도이다. 꽃받침과 꽃잎은 각각 4~5개이며 꽃잎은 꽃받침보다 길고 뒤로 젖혀지며 수술이 4~5개로 수꽃에서는 크지만 암꽃에서는 작아진다.

열매 :

핵과로서 둥글며 지름 5~8㎝이고 겨울동안에도 달려있다.

수피 및 가지 :

줄기는 직립하여 원추형의 수형을 만들며, 수피는 회백색으로 평활하고 어린가지는 암갈색으로 털이 없다.

가치 / 용도

열매의 아름다움을 감상하는 대표적인 나무로 가로수, 공원수, 정원수로 적당한 나무이다.
수피 또는 근피를 구필응이라 하며 약용하며 해독, 지혈의 효능이 있다.
편도선염, 급만성 간염, 급성위장염, 위십이지장 궤양, 류머티성 관절염, 타박상, 화상 등 치료에 효과가 있다.

102. 매실나무 (매화나무)

과명 :장미 과
학명 : Prunus mume S. et Z.
생육지역 : 우리나라에는 약 2000년전에 도입되어 정원수로 식재하고 있다. 남부 지역
원산지 : 중국
성상 : 낙엽활엽관목
수형 : 원정 형
개화기 : 2~3월
화색 : 백색, 담홍색
수고 : 5m
결실기 : 7월
열매 색 : 황 녹색

외형적 특성

잎 :

호생하며 난형 또는 장난형으로 긴 점첨두이고 원저이며, 길이 4~10㎝로 복세거치가 있다. 양면에 약간의 미모가 있고 뒷면 맥액에 갈모가 있다. 엽신기부 또는 엽병의 상부에 선점이 있고, 탁엽은 길이 5~9㎜이다.

꽃 :

전년지 엽액에서 1~3개씩 달리며 화경이 거의 없고 잎보다 먼저 피며 향기가 있다. 지름 2.5㎝내외, 꽃받침은 5개로 타원형이고 원두이며 자갈색이다. 꽃잎은 넓은 도란형으로 끝이 둥글고 많은 수술이 울타리 모양으로 하나의 암술을 보호하고 있다.

열매 :

열매는 핵과로서 둥글고 지름 2~3㎝로 겉은 짧은털로 덮혀 있고, 열매의 한쪽에 얕은 골이 지고 표면에 밀모가 있다. 종자는 잘 떨어지지 않으며 종자 표면에 작은 구멍이 많이 있다.

수피 및 가지 :

하나의 줄기가 올라와 몇 개의 가지 끝에서 다시 잔 가지를 내어 꽃을 피우며, 어린가지는 녹색이나 오래된 가지는 암자색으로 되고 수피는 갈라진다. 정상적으로 자란 나무는 우산 모양으로 아름다운 수형을 갖는다.

가치 / 용도

정원수, 공원수로 관상가치도 높다. 열매는 매실이라 하여 귀중한 약재로 쓰이며 술을 담아 먹기도 한다. 6~7월의 푸른 청매 노랗게 익었을 때 딴 황매, 푸른 매실을 소금물에 담구고 볕에 건조한 백매, 미성숙한 과실을 건조하고 씨를 빼어 약으로 쓰도록 가공한 것은 오매라 하는데 간, 폐, 대장 기운을 거둬 주고 담을 제거하고, 기침을 멎게, 진액을 생성해주며 염증을 가라앉히며 설사와 출혈을 그치게, 기생충을 없애주고 이로 인한 복통, 소화불량이나 설사 등에 효과가 있다고 한다.

103. 매자나무 (소얼 · 황염목)

매자나무 (소얼 · 황염목) ▼

과명 : 매자나뭇 과
학명 : Berberis koreana
생육지 : 경기도 이북, 산기슭 양지
원산지 : 한국
성상 : 낙엽 활엽 관목
수고 : 2m
화색 : 노란색
개화기 : 5월
결실기 : 9월
열매 색 : 적색

외형적 특성

잎 :

가죽질의 잎이 가지에서 뭉쳐나는데 길이 3~7cm의 거꿀달걀꼴, 달걀꼴 또는 타원형이다. 끝은 둥글며 밑이 매우 좁아지고 가장자리에 바늘 모양의 날카로운 톱니가 있다. 양면에 털이 없으며 뒷면은 회록색이고 주름이 많다.

꽃 :

잎보다 짧은 총상 꽃차례로 달려 아래로 늘어진다. 양성화이다. 꽃자루의 길이는 2~4cm이다.

열매 :

장과로서 달걀 모양이다.

수피 및 가지 :

줄기는 곧게 서고 가지가 많이 갈라지며 턱잎이 변한 길이 5~10mm의 가시가 있다. 작은 가지에 세로로 홈이 있는데 2년생 가지는 짙은 갈색 또는 적색을 띤다.

가치 / 용도

생 울타리용 · 관상용으로 이용된다. 꽃이 아름답고 개화기가 길며 잎이 떨어져도 붉은 열매가 남아 있어 관상적인 가치가 크다.
봄에 어린순을 나물로 먹는다.
줄기의 속껍질은 황갈색의 천연 염료로 쓸 수 있다.
약으로 쓸 때는 탕으로 하거나 산제로 하여 사용한다. 눈병에는 잔가지 · 잎 · 뿌리를 달여서 쓰고 피부 질환에는 생즙을 내어 쓴다. 간기능 회복, 거담, 건위, 담석증, 변비, 사하, 소화불량, 안검연염, 안질, 옹종, 외상소독, 위염, 음낭습, 이질, 임파선 염, 폐렴, 해열, 황달 등에 효능이 있다.

104. 맹종죽 (죽순대)

과명 : 벼 과
학명 : Phyllostachys pubescens Mazel
원산지 : 중국
생육지 : 산지 (우리나라 남부 지방에서 재배한다.)
수고 : 10–20m

외형적 특성

잎 :

작은 가지 끝에 세 개 내지 여덟 개씩 달리고 피침형이며, 처음에는 털이 있으며 녹색에서 황록색으로 된다.
마디에는 고리가 1개씩이고 가지에는 2~3개씩이다.
죽순은 5월에 나오고 포는 적갈색이며 검은 갈색 반점과 털이 빽빽이 난다.

꽃 :

원추 꽃차례에 달린다.

가치 / 용도

대나무는 유관속 조직을 지니며 다년생 식물로써 매년 생장하는 줄기를 지니지만 비대생장을 이루는 형성층을 지니지 않기 때문에 목본식물이 아니라 비 목본식물, 즉 초본류인 풀로 분류된다.(나무로 분류한다는 설도 있다.)
지름 20cm 정도로 대나무 중 가장 굵다. 산지는 한반도 남부 지역으로 죽피에 흑갈색의 반점이 있는데다 윤기가 적으며 매우 단단하다. 탄력성이 적어 부러지기 쉬운 단점이 있어 주로 동공(洞空)을 그대로 사용하는 일이 많다. 필통이 그 대상이 되며, 속이 비고 밑 둥이 굵기 때문에 사용에 편리한 점이 많아 표면에 음각이나 양각을 장식하여 쓴다.
죽순은 식용한다.

105. 메타세콰이어

과명 : 낙우송 과
학명 : Metasequoia glyptostroboides Hu et Chengfs
생육지역 : 우리나라 전지역
원산지 : 중국
성상 : 낙엽침엽교목
수형 : 원추형
개화기 : 5월
수고 : 20~25m
결실기 : 9월

외형적 특성

잎 :

선형으로 길이 1.0~2.3㎝, 넓이 1.5~2.0㎜로 우상으로 배열되고 끝은 갑자기 뾰족하며, 밑 부분은 둥글다. 낙우송과 유사하나 낙우송의 잎은 호생하지만 메타세쿼이아는 2열 대생하고 가지도 대생한다. 가을의 황색 단풍이 아름답다.

꽃 :

자웅동주.

열매 :

구과는 구형으로 길이 16~23㎜로 종자에 날개가 있는 점이 낙우송과 다르다.

수피 및 가지 :

가지는 옆으로 퍼지고 소지가 녹색이며 대생하고, 수피는 적갈색으로 얇으며 세로로 잘 갈라진다.

가치 / 용도

낙우송과 외관상 거의 흡사하다. 수형이 우아하고 아름다워 독립수 또는 가로수로 적합하다.
생육속도가 빠르기 때문에 공원, 골프장 또는 대단위 조경단지에 이용하면 좋다.
영남 채약록에서는 화독을 제거한다고 기록 되어있다. 화독 치료는 수송나무의 껍질을 센 불로 태워 그 재를 가루낸 후 기름에 개어 바른다.
잎의 채취는 여름과 가을에 하는데 전신 관절통을 치료하려면 가루를 내어 전병을 하여 술로 복용 한다.
짓찧어 환부에 바르면 피부의 수포창을 치료한다. 가려움을 멎게 하며 모충(毛蟲)을 죽인다.

106. 명자나무

명자나무 ▼

과명 : 장미 과
학명 : *Chaenomeles lagenaria* Koidz.
생육지역 : 경상도와 황해도에서 야생으로 자람. 우리나라 전역에 생육 가능.
원산지 : 중국
성상 : 낙엽활엽관목
수형 : 피복 형
개화기 : 4–5월
화색 : 홍색
수고 : 1–2m
단풍 색 : 황색
결실기 : 8–9월
열매 색 : 황색

외형적 특성

잎 :

호생하며 타원형 또는 장타원형이고 길이 4~8㎝, 넓이 1.5~5.0㎝로 가장자리에 예거치가 있고 잎 끝이 예두이다. 엽병은 짧다. 어린가지에는 큰 탁엽이 있으나 일찍 떨어진다.

꽃 :

자웅동주로 지름 2.5~3.5㎝이고 꽃받침, 꽃잎은 각각 5개씩이고 백색, 분홍, 빨강의 3가지색의 꽃이 있다.

열매 :

타원형으로 길이 4~7㎝이고 끝이 요형이며 이과이다.

수피 및 가지 :

가지가 여러 갈래로 갈라져 잔가지가 많이 나와 전체 나무모양이 둥글다. 가지는 비스듬히 서며, 수피는 암자색이고 소지에 가시가 있다.

가치 / 용도

이른 봄에 진분홍색으로 피는 꽃은 화려하지는 않으나 은은하고 청초한 느낌을 주며 '아가씨 나무'라고도 하며 관상수로 많이 이용된다.
열매는 향기가 좋아 과실주를 담그기도 한다.
한방과 민간에서는 열매, 꽃을 지해, 주독, 곽란 치료에 약으로 활용하며 강한 산미와 특이한 방향이 있고 구연산, 주석산, 사과산과 같은 유기산이 많이 들어있어 피로 회복과 더위 예방, 정장효과가 있다.

107. 모감주나무 (염주나무)

과명 : 무환자나무 과
학명 : Koelreutena paniculata Laxm.
생육지역 : 충남 안면도를 중심으로 서해안에 많이 자생
원산지 : 한국, 중국
성상 : 낙엽활엽관목
수형 : 원형, 난형
개화기 : 6월
화색 : 홍색
수고 : 15m
단풍 색 : 황색, 적색
결실기 : 9월
열매 색 : 갈색

외형적 특성

잎 :

호생으로 기수 1회 우상복엽으로 길이는 25~35cm 정도이다. 소엽은 7~15개이며 난형 또는 난상 장타원형이며 길이 3~10cm 폭 3~5cm 정도로 양면에 털이 없거나 뒷면의 엽맥을 따라 털이 있으며, 불규칙하고 둔한 거치가 있다.

꽃 :

가지 끝에 원추화서로 달리며 길이는 25~35cm로서 개화기간이 길다

열매 :

삭과로서 꽈리와 같으며 길이는 4~5cm 정도로 3개로 갈라지며 3개의 종자가 들어있다.

수피 및 가지 :

가지에 엽흔과 피목이 발달해 있다.

가치 / 용도

세계적인 희귀종으로 대부분 천연기념물로 지정, 보호하고 있다.
화목류 가로수가 없는 도심지 가로변이나 공원 녹지대 등의 조경수로 적합하며 단단한 종자는 염주를 만들어 스님들이 사용하고 있다.
꽃이 진후 바로 황금색의 돈주머니 같은 꽈리 열매가 달려 외국에서는 황실나무라하여 높이 평가한다.
꽃에는 청간, 이수, 소종 등에 효능이 있다.
한방에서 간염, 요도염, 소화불량, 장염, 이질, 안적종통(眼赤腫痛) 등의 치료제로 쓰인다

108. 모과나무

과명 : 장미 과
학명 : Chaenomeles sinensis Koehne
생육지역 : 우리나라 전지역
원산지 : 중국
성상 : 낙엽활엽교목
수형 : 원정 형
개화기 : 5월
화색 : 담홍색
수고 : 10m
단풍 색 :황색
결실기 : 9월
열매 색 : 황색

외형적 특성

잎 :

호생하며 타원상 난형 또는 장타원형이며 양끝이 뾰족하고 가장자리에 뾰족한 세치가 있으나 어린잎에 있어서는 선상이다. 잎표면에는 털이 없으나 어릴 때는 뒷면에 털이 있다. 탁엽은 장타원형이고 길이 7~8㎜로 곧 떨어진다.

꽃 :

지름 2.5~3.0㎝로 1개씩 가지 끝에 단립 한다. 꽃받침, 꽃잎은 5개이고 수술은 약 20개이며 암술머리는 5개로 갈라진다.

열매 :

목질이 발달한 이과로 대형이며 지름 8~15㎝정도로 향기가 있다.

수피 및 가지 :

어린가지는 새잎과 같이 흰털이 많이 있지만 나중에 없어지고, 가시는 없다. 수피는 적갈색과 녹색의 얼룩무늬가 있으며 비늘 모양으로 벗겨진다.

가치 / 용도

공원의 독립수나 경관수 및 주택정원의 테라스 부근의 식재에 적합하다.
열매는 향기가 나고 술을 담아 먹기도 하는데 임신 후 입덧으로 고생할 때 모과차를 마시면 효과적이다. 5% 가량의 당분과 칼슘, 칼륨, 철분 등 무기질이 함유된 알칼리성 식품이다. 모과의 신맛은 사과산을 비롯한 유기산인데 신진대사를 도와주고 소화 효소의 분비를 촉진시켜주는 효과를 발휘한다. 떫은맛이 나는 것은 탄닌 성분 때문으로는 피부를 오그라들게 하는 작용이 있어서 설사병에 유효하다. 한방에서는 감기, 기관지염, 폐렴 등으로 기침을 심하게 하는 환자에게 모과를 약으로 많이 사용하고 있다.

109. 목련 (산목련)

학명 : Magnolia kobus Dc.
생육지역 : 제주도를 비롯한 난대림 지역에서 드물게 자생(우리나라 전 지역에 생육가능).
원산지 : 한국, 일본
성상 : 낙엽활엽교목
수형 : 원정 형
개화기 : 3~4월
화색 : 백색
수고 : 20m
결실기 : 9~10월
열매 색 : 적색

외형적 특성

잎 :

넓은 난형 또는 도란형으로 길이 5~15㎝, 넓이 3~6㎝로 끝이 뾰족하고 밑부분이 넓은 예저이며 가장자리에 거치가 없다. 표면에는 털이 없고 뒷면은 잔털이 조금 있기도 하며, 엽병은 길이 1~2㎝이다.

꽃 :

꽃은 양성화로 꽃잎은 주걱모양이고 희지만 기부는 담홍색이며 6개의 꽃잎이 있고 향기가 있다. 꽃이 활짝 피어 편평하게 펴져서 산만한 감을 준다. 꽃받침은 넓은 선형이며 길이 1.5~2.5㎝, 넓이 3~4㎜정도이다. 보통 꽃의 기부에 1개의 어린잎이 붙어 있어 백목련과 구별할 수가 있다.

열매 :

골돌이고 원통형으로 길이 5~7㎝로 곧거나 구부러지고 종자는 1.2㎝정도로 타원형이며 종자가 완숙하면 하얀 실과 같은 줄에 매달려 떨어진다. 외피는 적색이다.

수피 및 가지 :

새가지는 연한 녹색으로 털이 없고 많이 갈라지며 수피는 회백색이다. 동아에는 털이 없으나 화아의 포에 밀모가 있다.

가치 / 용도

독립수, 정원수 및 가로수로 식재하고 있다.
목련화의 꽃망울을 말린 것을 신이화라고 하며 수렴작용, 모세혈관 확장작용, 항염증 작용, 혈압강하 작용, 진정작용, 피부 진균과 포도상 구균 억제 작용이 보고되었다.
몸 안에 있는 차가운 기운과 풍으로 오는 코막힘 축농증을 치료하며 콧물이 흐르며 냄새를 맡지 못하는 증상에 쓰인다. 달인 물은 혈압 강하 작용을 보인다.
두통이나 집중력이 떨어지는 증상, 오한, 발열, 전신통을 치료하며 가래가 많이 나오는 기침 등에 효과가 있다. 정유 성분은 진통, 진정작용이 있다.

110. 목서

과명 : 물푸레나무 과
학명 : Osmanthus fragrans Lour
생육지역 : 남부 지역에 식재.
원산지 : 중국
성상 : 상록활엽교목
수형 : 원정형
개화기 :10월
화색 : 황백색
수고 : 4m

외형적 특성

잎 :

잎의 형태가 금목서와 은목서의 중간 형태이다.

꽃 :

꽃은 자웅이주로 엽액에 모여 달린다.

열매 :

우리나라에 있는 것은 거의 수나무로 열매를 보기 힘들다.

수피 및 가지 :

수피는 적갈색인데 심재(心材)가 유달리 붉다. 가지는 옆으로 퍼진다.

가치 / 용도

수형이 아름다워 정원의 독립수로도 적당하다.
등황색의 꽃은 작아 크게 눈에 띄지는 않으나 향기가 대단히 강하고 진하여 정원 같은 곳에 한 두 그루쯤 심어 놓아 은은한 향기를 만끽할 만 한 수종이다.
내한성이 약하여 중부지방에서의 생육은 다소 어렵고 남부지방의 공원이나 학교, 공공 건물등 의 전면에 식재하여 상록의 잎과 아름다운 수형을 감상해 볼만한 수종이다.
잎은 차로 마시고 꽃은 술을 담가먹는다.
기침, 가래를 삭이고 중풍이나 버짐, 치통을 다스리는데 효능이 있다.

111. 무궁화

과명 : 아욱과
학명 : Hibiscus syiacus L.
생육지역 : 중부이북 깊은 심산을 제외한 전 지역에 분포
원산지 : 동아시아
성상 : 낙엽활엽관목
수형 : 원형
개화기 : 7–9월
화색 : 황색
수고 : 2–4m
단풍 색 : 황색
결실기 : 10월

외형적 특성

잎 :

호생으로 난형이고 대체로 3개로 갈라져서 첨두로 되며 넓은 예저 또는 원저이다. 표면에는 털이 없으며 기부에 3개의 큰 맥이 있고 뒷면 맥 위에 털이 있다. 잎의 가장자리에는 둔하거나 예리한 거치가 있다. 엽병의 길이는 5~15㎜정도 이다.

꽃 :

꽃은 단생으로 액생하고 짧은 화경이 있으며 지름 6~10㎝로 꽃잎은 도란형이며 5개가 밑 부분에서 서로 붙어 있고, 암술대에 수술이 붙어 있으며 암술머리는 5개이다.

열매 :

열매는 삭과로서 장타원형이고 5개로 갈라지며, 약간의 털이 있고 종자는 편평하고 긴 털이 있다.

수피 및 가지 :

줄기는 대부분 밑에서 여러 개가 올라오며, 수피는 회색이다.

가치 / 용도

내음성 · 맹아력 · 내공성이 강하며 전정에도 잘 견딘다.
경계식재, 생울타리, 차폐식재 등으로 쓰이며 기념식재, 단식, 군식으로 좋다.
봄에 뿌리껍질 또는 줄기껍질을 벗겨 햇볕에 말린다. 맛은 달고 쓰며 성질은 평하다.
간경, 비경, 대장경, 소장경에 작용한다. 열을 내리고 습을 없애며 해독하고 살충한다. 또 혈을 잘 돌게 하고 출혈을 멈춘다. 장출혈, 이질, 탈항, 대하, 옴, 무좀, 치질 등에 쓴다.
외욕약으로 쓸 때는 달인 물로 씻거나 술에 우려서 바른다.

112. 무화과

무화과 ▼

과명: 가래나무과
과명 : 뽕나무 과
학명 : Ficus carica L.
생육지역 : 전남 및 경남이남 (1927년경 도입)
원산지 : 지중해연안, 서부아시아, 유럽
성상 : 낙엽활엽관목
수형 : 평정 형
개화기 : 봄~여름
수고 : 2~4m
단풍 색 : 황색
결실기 : 8~10월
열매 색 : 흑자색, 황록색

외형적 특성

잎 :

호생하며 대형의 난원형으로 3~5개로 갈라지고 갈라진 열편에는 둔한 거치가 있다. 길이 10~20㎝로 표면은 거칠고 뒷면은 잔털이 있으며 5개의 맥이 뚜렷하고 잎자루는 길이 2~5㎝이다. 경엽에 상처를 내면 흰 유액이 나온다. 흰 유액에는 독성이 있으므로 눈에 들어가지 않도록 주의하여야 한다.

꽃 :

꽃은 자웅일가화로서 봄부터 여름에 결쳐 엽액에서 주머니 같은 화서가 발달하며 그 속에 많은 소화가 들어 있다.

열매 :

열매는 길이 5~8㎝의 은화과(隱花果)로 도란형이다.

수피 및 가지 :

수피는 회백색으로 오래되면 회갈색으로 변하고 많은 가지를 낸다.

가치 / 용도

주로 화탁이 발달된 열매를 생산할 목적으로 재배되나 남부지방에서 관상수로 식재한다.
식물성 콜레스테롤과 칼륨 등이 풍부해서 혈관을 막는 노폐물을 제거하며, 고혈압과 각종 성인병을 예방한다. 또한 각종 성분들이 중성지방을 제거해 혈액순환을 도와준다.
단백질을 분해하는 피실이 다량 함유되어있어 소화불량이나 소화기능개선에 좋다.
라스베라트롤이 풍부하여 혈중 콜레스테롤을 제거하고, 활성산소를 밖으로 배출시키는 항산화작용이 뛰어나다. 풍부한 섬유질과 팩틴이 변비를 해소하고, 장의 연동운동을 도와 숙변제거는 물론 노폐물 제거에도 효과적이다.

113. 물박달나무

과명 : 자작나무 과
학명 : Betula dahurica Pall.
생육지역 : 남부 일부 지역을 제외한 전국의 산지
해외분포 : 러시아, 일본, 중국(동북부)
성상 : 낙엽활엽 교목
수고 : 15m
개화기 : 4~5월

외형적 특성

잎 :

길이 4~8㎝의 난형 또는 마름모상 난형이다. 긴 가지에서는 잎이 어긋나며 짧은 가지에서는 잎이 2개씩 달린다. 잎 끝은 뾰족하고 밑 부분은 둥글거나 쐐기형이다. 잎자루는 길이 3~10㎜이며 긴 털이 있다. 물박달나무는 잎의 앞 뒷면 맥 위와 잎자루에 긴 털이 있고 잎자루가 짧은 점이 특징이다.

꽃 :

물박달나무는 암수 한그루이며, 수꽃차례는 긴 가지의 앞쪽에서 2~3개씩 아래를 향해 드리우며, 수술은 2개이고 수술대가 짧다. 암꽃차례는 짧은 가지의 앞쪽에서 위를 향해 달린다.

열매 :

길이 1.5~2.5㎝의 장타원형이다. 과포는 길이 6~7㎜이고 윗부분이 3갈래로 갈라지며 중앙의 열편은 장타원상 피침형이고 측면의 열편과 길이가 비슷하다. 소견과는 길이 3㎜ 정도의 평평한 도란형이며 끝에 암술대 흔적이 남는다.

수피 및 가지 :

수피는 회백색이나 회색을 띠고 얇아서 모자이크 조각처럼 불규칙하게 벗겨진다. 겨울눈은 길이 3~6㎜의 난형이다.

가치 / 용도

예로부터 박달나무를 신성시하여 건국신화에도 단군왕검이 박달나무 아래에서 신시(神市)를 열었다고 전해진다.
물박달 나무는 단단함이 박달나무에 미치지 못한다. 껍질은 비에 젖거나 물에 흠뻑 젖어도 잘 타기 때문에 비가 와서 대부분의 나무들이 젖어 있을 때 산악인이나 군인들이 물박달나무 껍질을 이용하여 불을 피웠다.
목재는 가구재, 신탄재, 조림수 등으로 활용된다.
수액은 중금속 정화능력이 있고, 뼈를 튼튼히 하는 효과가 있다.

114. 물푸레나무

과명 : 물푸레나무 과
학명 : Fraxinus rhynchophylla Hance
생육지역 : 전국 산야에 자생.
원산지 : 한국, 중국
성상 : 낙엽활엽교목
수형 : 원정 형
개화기 : 5월
화색 : 황색
수고 : 30m
단풍 색 : 황색
결실기 : 9월

외형적 특성

잎 :

대생하며 기수1회우상복엽이며 소엽은 5~7개인데 정엽이 제일 크고 아랫 잎은 점차 작아진다. 길이는 6~15㎝로서 넓은 난형 또는 넓은 피침형이며 점첨두, 예저이며 파상의 거치가 있으나 없는 경우도 있다.

꽃 :

자웅이주이지만 양성화도 섞여 있으며 새 가지 끝에서 원추화서 또는 복총상화서가 달리며 5월에 핀다. 꽃받침은 4개로 갈라지거나 거의 밋밋하며 털이 없거나 잔털이 있다.

열매 :

길이 2~4㎝로서 긴 피침형의 날개가 달려 있다.

수피 및 가지 :

줄기에는 대부분 백색의 수피가 가로로 무늬를 이룬다.

가치 / 용도

봄의 꽃은 아름답고 힘찬 느낌이 들고 가을의 노란색 단풍 또한 아름답다. 도심의 공원에 심어 야생의 정취를 느낄 수 있는 수종이다. 이 나무의 껍질을 벗겨 물에 담그면 물이 파랗게 되기에 수청목(水靑木)이라 부르고 한방에서는 진백목(秦白木)이라 부른다.
나무는 단단하고 질겨서 예전에 도리깨를 만들었고 벼루를 만들기도 했다. 지금도 야구방망이와 스키를 만든다. 물푸레나무는 민간 신앙의 대상이 되기도 했다. 유럽과 시베리아의 샤먼들은 이 나무를 우주목으로 섬겼다.
물푸레나무는 눈병에 신약(神藥)이다. 눈충혈, 결막염, 트라코마 등 일체의 눈병에는 물푸레나무 껍질을 달여 얇은 가제로 서너 번 걸러 낸 물로 눈을 자주 씻는다. 물푸레나무는 통풍 치료에도 신통한 효력이 있다. 물푸레나무 가지를 잘게 썰어서 오래 끓여서 그 물로 찜질을 한다. 물푸레나무를 태운 재는 염료로도 귀하게 썼다.

115. 미선나무

과명 : 물푸레나무 과
학명 : Abeliophyllum distichum Nakai
원산지 : 세계 유일, 한반도 고유종
생육지 : 충청북도, 전라북도 지역 5~7곳의 자생지가 있다
성상 : 낙엽 활엽 관목.
수고 : 1m.
화색 : 붉은색, 백색
개화기 : 4월, 3월
결실기 : 9월

외형적 특성

잎 :

잎은 마주나기하며 2줄로 달리고 달걀형 또는 타원상 달걀형이고 예두 또는 점첨두, 원저 또는 절저이며 길이와 폭이 각 3 ~ 8cm × 0.5 ~ 3cm로, 가장자리가 밋밋하고 잎자루 길이는 2 ~ 5mm이다.

꽃 :

총상꽃차례로 전년도에 형성되었다가 잎보다 먼저 피며, 길이는 3 ~ 4mm이다. 꽃받침은 종상 사각형으로 떨어지지 않고 길이는 3 ~ 3.5mm이고, 열편은 4개이며 꽃부리는 꽃받침보다 길다.

열매 :

열매는 시과로 원상 타원형이고 길이와 폭이 각 25mm로 끝이 오그라들며 넓은 예저이다.

수피 및 가지 :

가지는 끝이 아래로 처지며 자줏빛이 돌고 속이 계단모양이며 일년생가지가 사각형이다.

가치 / 용도

조경용수나 개나리의 대체수종, 공원, 생 울타리 조성용, 경계용수, 꽃과 잎이 아름답고 에 향기가 있다. 미백, 주름을 개선하는 효능, 피부를 활성화 하는 효능, 아토피에도 탁월한 치료 효능 물질을 가지고 있다.

116. 미측백

과명 : 측백나무 과
학명 : Thuja occidentalis L.
생육지역 : 우리나라 전지역(1930년경 도입, 특히 중부 이남에 식재)
원산지 : 북아메리카
성상 :상록침엽교목
수형 :원추형
개화기 :4~5월
화색 : 담자갈색
수고 : 20~30m
결실기 :9월
열매 색 :황갈색

외형적 특성

잎 :

상록성이고 비늘모양의 난형으로 갑자기 뾰족해지며, 잎의 넓이는 3㎜이다. 잎 표면은 녹색이고, 뒷면은 황록색으로 원형의 선점이 있으며 향기가 강하다.

꽃 :

꽃은 자웅일가화로 암꽃은 난원형이고 수꽃은 구형이며 담자갈색으로 전년생의 가지 끝에 한 개씩 달린다.

열매 :

열매는 길이 8~12㎜의 난형 또는 긴 타원형으로 황갈색의 구과이고, 실편은 8~10개로서 처음에는 육질이나 뒤에 목질로 변한다. 종자는 긴 타원형으로 길이 3㎜로서 황갈색이며 양편에 좁은 날개를 가진다.

수피 및 가지 :

가지가 짧으며 수평으로 발달하여 좁은 원추형의 수관을 형성한다.

가치 / 용도

독립수, 악센트용, 생 울타리, 차폐용 및 방풍용 등으로 적합하다. 남부지방에서 정원수와 풍치수로 심고 있다.
불로장생의 신선나무라는 전설이 많이 전해져 내려온다.
지혈 작용, 진해작용, 거담작용, 소염작용, 억균작용, 항바이러스작용, 급 만성의 세균성 이질, 만성 기관지염, 폐결핵, 백일해, 출혈을 동반한 궤양증, 탈모증, 고혈압, 토혈, 코피, 위장출혈, 요혈, 부정자궁 출혈, 산후출혈, 혈리(血痢), 머리칼이 빠지는 데와 일찍 희어지는 것을 방지하는 효과가 있다고 한다.

117. 미니백일홍

과명 :부처꽃 과
학명 : Lagerstroemia indica L.
생육지역 : 우리나라전지역
원산지 : 한국, 중국
성상 : 낙엽활엽관목
수형 : 원정형
개화기 : 7~9월
화색 : 적색
수고 : 1~2m
단풍 색 : 적색
결실기 : 10월
열매 색 : 갈색

외형적 특성

잎 :

대생 또는 호생하고 두꺼우며 난상 타원형으로 길이 2.5~7.0㎝, 넓이 2~3㎝에 이른다. 잎의 표면은 윤채가 있고 털이 없으며, 뒷면은 엽맥을 따라 털이 있고 가장자리는 거치가 없다.

꽃 :

원추화서는 가지 끝에 나고 길이 10~20㎝이다. 꽃은 양성으로 무한화서로 피며 꽃잎은 둥글며 주름살이 많다. 꽃받침, 꽃잎은 6개이고 수술은 30~40개이며 그 중 6개가 특히 길다.

열매 :

삭과로 넓은 타원형이고 길이 1.0~1.2㎝로서 6실이지만 7~8실인 것도 있다.

수피 및 가지 :

원줄기는 홍갈색으로 평활하나 겹질이 벗겨진 자리는 흰빛이고, 소지는 사각형이다.

가치 / 용도

진 주홍색의 영롱한 꽃이 배롱나무 특유의 빛을 내어 멀리서도 감상할 수 있으며 100일 이상 피어 있어 목 백일홍이라 부르기도 한다. 잔잔한 가지의 배열, 얼룩진 수피, 각이 지고 붉은 빛이 도는 소지가 특색 있다. 사찰경내에 많이 심으며, 단식 · 군식 모두 잘 어울린다.
차폐식재나 생 울타리, 가로수로도 간혹 쓰이며, 도심의 중앙분리대에도 많이 식재한다.
잎과 꽃, 줄기의 껍질을 약용으로 사용하는데 성질은 차고 맛이 약간 시다. 배롱나무는 그 적응증이 넓지 않아서 출산 후에 자궁출혈이 있거나 질염, 방광염이 있을 때 효과가 있고, 피부의 습진, 염증이나 가려움증에도 효과가 있다. 때로 잎을 달여서 이질이나 급성 황달을 수반한 급성 간염에도 효과가 있다.

한국나무도감

ㅂ:

박달나무/박태기나무/반송/밤나무/백당나무/백목련/백합나무/버즘나무/벌나무/벚나무/벽오동/복분자 딸기나무/복숭아나무/분비나무/붓순나무/블랙초크베리/비목나무/비술나무/비자나무

118. 박달나무

박달나무 ▼

과명 : 자작나무 과
학명 : Betula schmidtii Regel
생육지역 : 전국 각지 깊은 산 해발 700m
성상 : 낙엽활엽 교목
원산지 : 일본, 한국, 중국
수고 : 약 30m
개화기 : 5~6월
결실기 : 9월

외형적 특성

잎 :

잎은 어긋나고 난형이며 가운데 맥을 경계로 9~10쌍의 잎맥이 양쪽에 나란히 나 있다.
가장자리에는 위로 향한 고르지 않은 톱니들이 있으며 잎자루에도 털이 있다.

꽃 :

꽃은 암꽃과 수꽃이 한 나무에 따로따로 피는데, 암꽃은 줄기 끝에 반듯이 서 있으나 수꽃은 아래로 처진다.

열매 :

열매는 타원형으로 익으며 날개가 달려 있다.

수피 및 가지 :

수피는 회흑색이며 작은 조각으로 되어 줄기에서 떨어진다. 줄기에 있는 피목은 옆으로 나란히 나 있다.

가치 / 용도

예로부터 박달나무를 신성시하여 건국신화에도 단군왕검이 박달나무 아래에서 신시(神市)를 열었다고 전해진다.
목질이 단단하여 다듬이방망이, 육모 방망이, 디딜방아의 방아의 공이, 절구 공이, 얼레빗.로 널리 쓰였으며, 기구 · 기계 · 조각, 기타 세공재로 많이 쓰인다.
곡우 때 수액을 받아 마시는 풍습이 있다. 효능은 뼈를 튼튼하게 하는데 좋다
중금속 정화에 다른 나무보다 월등하여 폐광지대에 대체수종으로 부상된다.

119. 박태기나무

과명 : 콩 과
학명 :Cercis chinensis Bunge
생육지역 :중부 이남의 표고 400~800m 지역에서 식재.
원산지 :중국
성상 :낙엽활엽관목
수형 :선형
개화기 :4월
화색 :홍색
수고 :3–5m
단풍 색 :황갈색
결실기 :10월
열매 색 :갈색

외형적 특성

잎 :

호생하고 심장형이며 길이 6~11㎝로 두껍다. 표면은 윤채가 있으며 기부에서 5출맥이 발달하고, 뒷면은 황녹 색으로 엽맥 기부에 잔털이 있다. 콩과 식물 중에는 보기 드문 단엽이며, 엽병은 길이 3㎝정도이다.

꽃 :

산형화서로 잎보다 먼저 피며 길이 1.2~1.8㎝로 꽃가루가 없으며 7~8개 이상이 모여서 개화한다.

열매 :

콩깍지 모양의 협과이고 길이 7~12㎝로서, 종자는 편평하고 타원형이며 길이 7~8㎜이다.

수피 및 가지 :

지상부에서 몇 개의 줄기가 올라와 포기를 형성한다. 수피는 회갈색이며 어린 가지는 지그재그로 자라고 동아는 흑색이다.

가치 / 용도

꽃이 아름다우며 특히 봄철에 귀한 색감효과를 조경공간에 이용하여 다양한 감상미를 제공할 수 있다. 둥근 모양의 잎은 정형적이어서 관상가치가 있다. 생 울타리용 또는 경계식재용으로 적합하다. 꽃봉오리는 밥풀과 모양이 비슷해서 '밥티기'라고 불리다가 박태기로 고정되었다. 한방에서는 그 열매와 나무껍질, 목질부를 약재로 사용하고 있으며, 껍질은 혈액순환을 촉진하고 월경을 통하게 하며 부기를 가라앉힌다. 타박상이나 벌레에 물렸을 때, 임질이나 종기, 피부염 등에 사용한다. 꽃은 해열작용이 있고, 열매는 기침에 사용한다.

120. 반송 (소나무)

반송(소나무) ▼

과명 : 소나무 과
학명 : Pinus densiflora 'Multicaulis'
생육지역 : 우리나라 전지역
원산지 : 한국, 중국
성상 : 상록침엽교목
수형 : 하수형
개화기 : 4월
화색 : 황갈색
수고 : 1~5m

단풍 색 :적색
결실기 :다음해 9월
열매 색 :흑갈색

외형적 특성

잎 :

상록성의 침엽으로 2개씩 속생하고 다소 비틀어졌으며, 길이는 8~9㎝, 나비는 1.5㎜이고, 밑 부분은 담갈색의 신초로 둘러싸여 2년간 가지에 달려 있다.

꽃 :

자웅이가화이나 자웅일가화인 것도 있으며, 수꽃은 길이 1㎝내외로 새가지 밑 부분에 달리며 장타원형으로 황색이고, 암꽃은 난형으로 2~3개가 새가지 끝에 윤생하며 자색이다. 꽃가루는 식용으로 사용한다.

열매 :

솔방울은 (2~3㎝). 구과로서 난상 원추형이며 종자는 날개가 붙어 있고 타원형으로 각 실편에 2개씩 들어 있으며 흑갈색이다.

수피 및 가지 :

수피는 보통 붉은색이나 오래된 수피는 흑갈색이고, 동아는 적갈색이며(해송은 동아가 흰색), 심재도 적갈색이다. 성목이 되면 가지는 자연적으로 낙지(落枝)가 잘 된다.

가치 / 용도

소나무에 비해 수고가 낮고 수형이 정형적이며, 수간이 밑 부분에서 갈라지는 특성을 지녀 주로 정원의 독립수로 이용된다.
솔잎은 성미는 따뜻하고 독이 없다. 풍습을 없애고 몸 안의 벌레를 죽이며, 가려움을 멎게 하고 머리털을 나게 한다. 피를 멈추게 하고 설사를 그치게 하며 살이 썩지 않게 한다.
오래된 설사, 이질에 잘 듣는다. 솔 마디는 소나무 가지나 줄기에 송진이 침착된 것으로 어린 가지를 잘라 쪼개서 물에 담갔다가 쓰는데 성질은 따뜻하고 폐와 위를 튼튼하게 한다.

121. 밤나무

과명 : 참나무 과
학명 : Castanea crenata var. dulcis
원산지 : 아시아, 유럽, 북아메리카
생육지 : 온대지역 산기슭이나 밭둑
수고 : 10m ~ 20m
개화기 : 6~7월
결실기 : 9~10월

외형적 특성

잎 :

긴 난형(卵形)으로 어긋나고 잎 가장자리에 뾰족한 톱니가 있다. 잎의 곁맥은 가운데 맥에서 양쪽으로 17~25쌍이 뻗어 있다.

꽃 :

암 · 수꽃이 잎겨드랑이에서 미상꽃차례로 피는데, 암꽃은 꽃차례의 아래쪽에 3송이씩 무리지어 핀다. 수꽃은 6장의 꽃덮이 조각과 10개 정도의 수술로 되어 있고, 암꽃은 6개의 방으로 나누어진 씨방과 6개의 암술대로 이루어져 있다.

열매 :

견과(堅果)로 익어 길이가 3㎝ 정도 되는 가시가 많이 난 밤송이가 되며, 그 속에 1~3개의 밤이 들어 있다.

가치 / 용도

가을에 열매를 따서 날것을 먹거나 삶거나 구워 먹으며, 찹쌀 · 대추 · 잣 등과 섞어 약밥을 만들어 먹기도 한다.
열매 뿐만 아니라 잎, 속껍질, 나무껍질, 밤송이에도 면역력 강화, 노화방지 및 피부미용, 성인병예방에도 좋은 성분이 들어있어 모두 약재로 쓰인다.
재목은 물과 습기를 잘 견디므로 철도 침목, 가옥 토대, 토목 용재, 선박재, 북의 동체, 다리 건설 등에 쓰인다.
밤나무는 과수로뿐만 아니라 꽃꽂이나 조경용으로도 적합하다.

122. 백당나무 (접시꽃나무)

과명 : 인동 과
학명 : Viburnum sargentii
생육지 : 전국 각지 고도가 낮은 산과 들의 습지, 계곡
분포지 : 중국 중부 및 북부, 내몽골, 일본, 러시아 동북부
성상 :낙엽활엽관목
수형: 원개형
수고 : 3m

화색 : 흰색
개화기 : 5~6월
결실기 : 9월
열매 색 : 적색

외형적 특성

잎 :

마주나고 끝이 3개로 갈라져 양쪽 2개의 갈라진 조각이 밖으로 벌어지는데, 줄기 위쪽에 달린 잎은 갈라지지 않는 것도 있다. 길이와 나비가 각각 4~12cm인 넓은 달걀꼴로서 가장자리에 톱니가 있으며 밑이 둥글고 끝은 대체로 뾰족하다. 잎 뒷면 맥 위에 잔털이 난다. 길이 2~3.5cm인 잎자루 끝에 2개의 꿀샘이 있다.

꽃 :

오판화가 가지 끝에서 산방 꽃차례를 이루며 달려 피는데 꽃 이삭 주변에 중성화가 달리고 중앙에 정상화가 달리는 특징이 있다. 중성화는 지름 3cm 정도이며 꽃부리는 크기가 다른 5개의 조각으로 갈라진다. 정상화는 지름 5~6cm이며 5개의 꽃잎과 5개의 수술이 있다. 수술은 꽃부리보다 길고 꽃 밥은 짙은 자줏빛이다.

열매 :

지름 8~10mm의 팥알만한 둥근 핵과가 붉게 익어 겨울까지 달려 있으나 악취가 난다. 꽃보다 가을의 열매가 더 돋보인다.

수피 및 가지 :

뿌리에서 많은 줄기를 내어 덤불을 이룬다. 나무껍질은 회갈색이며 불규칙하게 갈라지고 코르크층이 발달한다. 어린가지에 잔털이 나 있다. 어린가지와 잎에 털이 없는 종류를 민백당나무라 한다.

가치 / 용도

백당나무의 재목은 예부터 이쑤시개로 쓰였다.
약으로 쓸 때는 계수조, 불두수라하여 탕으로 하거나 산제로 하여 사용한다. 주로 운동계, 순환계 질환 등을 다스린다. 잎과 가지를 풍습관절염, 타박상, 염좌상, 피부소양증, 옴병, 종기 등의 치료에 쓰며 열매를 기관지염과 기침, 위궤양, 위통에 쓴다. 약효는 전체에 있어 봄~여름에 채취하여 햇볕에 건조하여 쓴다.

123. 백목련

과명 : 소태나무 과
학명 : Magnolia denudata Desr.
생육지역 : 우리나라 전 지역에 생육가능.
원산지 : 중국
성상 : 낙엽활엽교목
수형 : 평정 형
개화기 : 3월
화색 : 백색
수고 : 15m
결실기 : 9월
열매 색 : 적색

외형적 특성

잎 :

호생하며 도란형 또는 도란상 장타원형이며 길이 10~15㎝, 넓이 5~10㎝이고 끝은 둔두이지만 뾰족하고 기부는 예저이다. 표면에 약간 털이 있으며 뒷면은 담녹색으로 엽맥에 털이 있다.

꽃 :

지름 12~15㎝로 향기가 강하다. 3개의 꽃받침 열편과 6개의 꽃잎이 발달하여 9개의 꽃잎모양으로 보이며 도란형으로 육질이다.

열매 :

골돌이고 원주형으로 길이 8~12㎝이며 종피가 갈라지고 붉은 종자가 흰실에 매달린다.

수피 및 가지 :

줄기는 곧게 자라고 어린 가지와 동아에 털이 있다. 화아는 대형으로 때로는 4㎝까지 되는 것도 있으며 긴 황갈색의 털이 밀생 한다.

가치 / 용도

초봄 개나리, 진달래, 벚꽃 등과 함께 일찍 꽃망울을 터뜨려 봄의 꽃 잔치를 벌이는 대표적 화교목이다. 독립수, 정원수로 알맞다. 잎이 나오기 전에 피는 커다란 백색의 꽃은 청결한 느낌을 주어 화려하게 나무전체를 덮는다.
백목련의 꽃봉오리를 말린 것을 '신이' 라고 하는데 코의 염증을 가라앉혀 코 막힘을 풀어주고 찬 기운을 발산시키는 작용이 있다.

124. 백합나무 (튤립나무)

과명 :목련과
학명 : Liriodendron tulipifera L.
생육지역 : 1925년경 도입되어 전국 각지에 식재.
원산지 : 미국 멕시코만과 대서양 연안
성상 : 낙엽활엽교목
수형 : 광원추형
개화기 : 5~6월
화색 : 황녹 색
수고 : 30m
결실기 : 10~11월

외형적 특성

잎 :

호생하며 연녹색으로 긴 잎자루에 달리고 절두(截豆)이다. 잎의 길이는 5~15㎝이며 대형의 탁엽이 있고 가을에 노랗게 단풍이 든다.

꽃 :

양성화로 지름이 6cm로서 녹황색으로 가지 끝에 튤립 같은 꽃이 1개씩 달리며 꽃받침은 3개, 꽃잎은 6개이고 타원형이다.

열매 :

꽃이 진 뒤 길이 7cm 정도 자라면서 익으면 떨어지고 끝이 날개로 되며 그 속에 1~2개의 종자가 들어 있다.

수피 및 가지 :

수형은 넓은 원추형으로 곧게 자라며 줄기는 회백색으로 아름답고 노목이 되면 세로로 잔금이 생긴다.

가치 / 용도

수형이 좋아 공원수, 가로수, 녹음수, 경관수, 기념수 등으로 널리 이용될 수 있다.
토양수분이 필요하기 때문에 가로수로 이용 시에는 주의를 요한다.
선단부를 가위로 자른 듯한 결각이 있는 튤립 같은 꽃이 특이하다.
성장이 빠르고 수형이 크며, 밀원식물로도 알려져 있고 기품이 아름다운 귀족적인 나무이다.
나무껍질은 해수, 천식, 호흡곤란에 사용한다.

125. 버즘나무 (플라타너스)

과명 : 버즘나무 과
학명 : *Platanus orientalis* L.
원산지 : 유럽, 남아메리카
생육지 : 전국 각지. 이탈리아, 프랑스, 영국, 일본, 이란 등.
성상 : 낙엽교목
수고 30m(원산지).
화색 : 붉은색
개화기 : 5월
결실기 : 10~11월

외형적 특성

잎 :

잎은 어긋나기하며 넓은 난상 원형이고 장상(掌狀)이며 넓은 예저 또는 절저이고 폭 10-20cm로서 5-7개로 깊게 갈라진다. 각 열편에는 커다랗고 예리한 거치가 있다.중앙열편은 길이가 폭보다 길며 톱니가 드문드문 있거나 밋밋하고 털이 있거나 없으며 엽병은 길이 3-8cm로서 가을에는 기부의 어린 동아를 완전히 감싸고 있다. 탁엽(托葉)은 작다.

꽃 :

꽃은 암수한그루, 단성 꽃으로서 머리모양꽃차례에 달린다. 수꽃화서는 검붉은 색으로 잎겨드랑이에 달리고 암꽃화서는 연두색으로 가지 끝에 달린다.

열매 :

열매는 두상의 구과로서 2-6개가 긴 열매자루에 달려있어 마치 방울처럼 보이고 구과는 지름 2.0-2.5cm이며 수과 윗부분이 뾰족하기 때문에 구과의 표면은 돌기가 많은 것처럼 보인다.

수피 및 가지 :

원산지에서는 높이가 30m에 달하고 줄기는 통직하며 나무껍질은 큰 조각으로 떨어지며 암회색 또는 회백색이다.

가치 / 용도

우리에겐 플라타너스란 이름으로 더 알려져 있다. 나무껍질에 버즘 핀 것처럼 생겼다 하여 우리 식으로 붙여진 이름이다. 우리나라에 조경수로 들어와 지금은 가로변에서 흔히 볼 수 있는 낙엽교목으로 자리 잡았다. 대기오염에 강하고 키가 커서 도심 넓은 곳의 가로수, 공원수, 녹음 수로 식재 한다. 오존 흡수 능력이 은행나무보다 약 6~7배 정도 뛰어나고 아황산가스 흡수 능력도 다른 나무에 비해 뛰어나다. 목재로서는 적당하지는 않으나 목재가 부족한 지역에서는 포플러 대용으로 쓰인다. 포장, 단판, 상자, 주방가구, 차량내장으로 이용한다.

126. 벌나무 (산청목)

과명 : 단풍나무 과
성상 : 낙엽활엽교목.
생육지 : 한국. 해발고도 600m 이상 고지대의 골짜기, 계곡
수고 : 10~15m
화색 : 연한 황록색
결실기 : 9~10월

외형적 특성

잎 :

넓고, 광채가 난다.

꽃 :

시과(翅果)로 털이 없다.

수피 및 가지 :

어린 줄기는 연한 녹색이며 줄기가 매우 연하여 잘 부러지며 껍질이 두껍고 재질은 희고 가볍다. 벌집 모양이어서 벌나무라는 이름이 붙여졌다.

가치 / 용도

간암 · 간경화 증 · 간염 · 백혈병 등에 치료효과가 있다.
간의 온도를 정상으로 회복시키고 수분이 잘 배설되게 하여 간 치료약으로 사용된다.
제독작용, 청혈 작용, 지방분해 작용, 이뇨작용, 신경안정 작용, 지사제 작용 등을 한다.

127. 벚나무

과명 :장미 과
학명 :Prunus serrulata var. spontanea Wilson
생육지역 :각 처의 산야나 마을 근처에 자람.
원산지 :한국, 일본
성상 :낙엽활엽교목
수형 :원정 형
개화기 :4월
화색 :담홍색
수고 :10~20m
단풍 색 :적갈
결실기 :6~7월
열매 색 :적색→흑색

외형적 특성

잎 :

호생하며 장타원형 또는 도란형으로 길이 10㎝안팎이다. 급첨두이며 원저 또는 넓은 설저이고 털 모양의 거치나 복세치가 있다. 잎 양면과 엽병에 털이 없으며, 뒷면은 회록 색을 띤다. 엽병은 길이 2~3㎝로 2~3개의 밀선이 있다.

꽃 :

꽃은 잎과 거의 동시에 피며 산방화서 또는 산형화서에 3~5개씩 달리며 화경과 꽃받침 등에 털이 없으며 화축에 포가 있다.

열매 :

둥글다.

수피 및 가지 :

수피는 암갈색으로 옆으로 벗겨지고, 소지는 털이 없으며 암갈색이다.

가치 / 용도

꽃이 피어있는 모습이 화려한 만큼 떨어지는 모습도 인상적인 봄의 모습뿐만 아니라 봄에는 분홍빛으로, 여름에는 푸른빛으로, 가을에는 붉은 빛으로, 겨울에는 하얀 빛으로 사계절 내내 다채로운 색채와 감성을 전달해주는 나무의 모습을 볼 수 있어 공원수, 정원수, 가로수로 적합하다.
벚나무의 속껍질을 말려서 달여 복용하면 위경련에 효과가 크며 악성종양, 설사, 버섯중독, 옻이 올랐을 때에도 효과가 있다고 한다.

128. 벽오동

과명 : 벽오동 과
학명 : Firmiana simplex
생육지 : 중부이남 밭둑, 인가 부근
성상 : 낙엽 활엽 교목
수고 : 15m

화색 : 연한 황색
개화기 6~7월
결실기 : 10월

외형적 특성

잎 :

호생 하지만 가지 끝에서는 밀생 달린다. 길이와 나비가 각각 16~25cm 정도 되는 부채 만한 커다란 잎의 끝이 3~5갈래로 갈라지는데 끝이 뾰족하다. 앞면에는 털이 없으나 뒷면에는 털이 있다. 잎자루는 잎보다 길다.

꽃 :

오판화가 피는데 가지 끝에서 원추 꽃차례를 이루며 달린다. 단성화이지만 하나의 꽃차례에 암 · 수꽃이 함께 달린다. 꽃받침 조각은 5개이고 뒤로 젖혀진다. 꽃잎은 없다. 합쳐진 수술대 끝에 10~15개의 꽃 밥이 달린다.

열매 :

삭과가 달려 익는데 성숙하기 전에 5개로 갈라져 마치 돛단배 모양으로 되어 가운데에 완두콩처럼 생긴 씨가 보인다.

수피 및 가지 :

통직하며 나무껍질은 성숙되어도 청 녹색으로 평활하며 갈라지지 않고 줄기의 나무껍질이 푸른색을 띄어 벽오동이라 한다.

가치 / 용도

줄기의 곧고 푸른 모습과 시원스럽게 넓은 잎이 선비의 절개를 상징한다하여 서당이나 정자 근처에 즐겨 심었다.
벽오동나무 씨앗은 오동자라 하여 위장을 튼튼하게 하고 정력을 좋게 하는 약으로 쓴다.
벽오동나무 씨앗은 지방유와 단백질이 들어 있어 폐, 간, 심장을 튼튼하게 해주며 소화를 도와주는 효과가 있다고 알려져 있다.이 씨를 볶아서 가루 내어 먹으면 맛이 고소하고 또 커피 대신 물에 타서 마실 수 있다. 껍질에서 채취한 섬유는 물기에 잘 견디기 때문에 조포를 짜거나 밧줄을 만드는데 쓰인다. 껍질을 벗기면 끈적끈적한 수액이 나오는데 이 수액은 접착력이 강하여 풀을 만든다. 이 진을 먹으면 관절염, 디스크병, 요통의 치료와 남성의 신장 기능과 폐 기능을 강화하는데 효능이 있다고 한다. 외용으로 쓸 때에는 신선한 것을 짓찧어 붙이거나 가루 내어 기초재에 개어 바른다.
정원수, 가로수로도 적합하다.

129. 복분자 딸기나무

과명 : 장미 과
학명 : Rubus coreanus Miq.
원산지 : 아시아 (중국, 한국, 일본)
생육지 : 산기슭 양지쪽
수고 : 3m
화색 : 붉은색
개화기 : 5~6월
결실기 : 7~8월
열매 색 : 붉은색

외형적 특성

잎 :

3~7장의 잔잎으로 이루어진 겹잎으로 어긋나며, 잎 가장자리에는 겹 톱니가 있다.

꽃 :

산방꽃차례를 이루어 피며, 꽃잎은 5장이고 꽃받침 잎보다 짧다. 끝이 휘어져 땅에 닿으면 뿌리를 내리고, 줄기 아래 뿌리 부분에서 새순이 나와 곁가지로 자란다.

열매 :

붉은색으로 익기 시작하여 딸기처럼 점점 검붉게 된다.

수피 및 가지 :

줄기는 자줏빛이 도는 갈고리 억센 가시가 달린다.

가치 / 용도

열매는 복분자라 하여 식용하거나 말려 한방에서 보신제로 사용한다.
자양, 강자, 강정 등의 효능이 있고 주로 콩팥에 작용하므로 유정, 몽정, 소변이 잦은 증상, 특히 남자의 정력 감퇴 현상을 개선하고 간 기능 손상으로 인한 시력감퇴에 효과가 있다.

130. 복숭아나무

과명 : 장미 과
학명 : Prunus persica
원산지 : 중국 화북 산시성(陝西省), 간쑤성(甘肅省)
생육지 : 전국 각지 과수원에 재배
성상 : 낙엽 활엽 소교목
수고 : 3~6m
화색 : 흰색 또는 연한 홍색
개화기 : 4~5월
결실기 : 7~8월
열매 색 : 연한 홍색

외형적 특성

잎 :

어긋나며 길이 8~15cm, 나비 1.5~3.5cm의 댓잎 피침형이나 거꾸로 된 댓잎 피침형 또는 타원 모양의 댓잎 피침형으로서 양면에 털이 없고 가장자리에 작고 뭉뚝한 톱니가 있으며 끝은 점차 뾰족해진다. 잎자루는 짧으며 잎자루에 꿀 샘이 있다.

꽃 :

꽃잎 5장의 오판화가 잎보다 먼저 달려 수평으로 퍼지면서 핀다.

열매 :

녹색의 둥근 핵과가 달려 연한 홍색으로 익는다.

수피 및 가지 :

작은 가지에 털이 없으며 동아(겨울눈)에 털이 있다.

가치 / 용도

흰 백도와 노란 황도가 있는데 황도는 통조림 가공용으로 많이 쓰이며, 백도는 과일로 먹는 경우가 많다. 식욕 증진과 피로 회복에 도움이 됨은 물론, 아스파라긴산을 많이 함유하고 있어 숙취 해소에 도움이 되며 비타민 A와 C, 섬유질이 풍부해 변비 예방이나 이뇨 작용 등 다양한 효능이 있다. 씨, 잎 모두 먹을 수 있지만 가장 약효가 뛰어난 것은 진액이다. 나무에 흠집을 내면 진이 나는 것을 사용 하는 게 좋다. 잎은 피부병, 가려움증, 아토피성 피부염, 여드름에 주로 사용한다. 씨앗을 볶아 가루 내어 먹는 것도 도움이 된다.

131. 분비나무

과명 : 소나무 과
학명 : Abies nephrolepis (Trautv.) Maxim.
원산지 : 한국, 중국
생육지 : 전라북도, 경상남도 이북, 강원도(태백산). 고산, 고원 지대 해발 700-2500m
분포지역 : 러시아(동부시베리아, 아무르, 우수리), 몽골, 중국(만주)
성상 : 상록교목.
수고 : 약 25m
개화기 : 4-5월
결실기 : 9월

외형적 특성

잎 :

선형으로 어린 가지의 것은 끝이 갈라지고 길이 40mm, 폭 1.8mm이지만 열매가 달린 가지의 것은 첨두이고 길이 15-28mm, 폭 1.5-1.8mm이며 뒷면이 백색이다. 횡단면 수지구는 양쪽 중앙에 있다.

꽃 :

수솔방울은 잎겨드랑이에서 나며 길이 10mm이며, 암솔방울은 자주색이고 길이 45mm, 지름 8mm이다. 포는 길이 3mm로서 끝이 조금 보인다.

열매 :

구과는 위를 향하고 긴 난형 또는 난상 원통형으로 길이 4.0-5.5cm, 직경 2.0-2.5cm이고 녹갈색이다. 실편은 녹색이고 길이 9mm, 폭 15mm이며, 길이 6mm의 침상 돌기가 있다. 씨는 삼각형이며 녹갈색, 길이 6.0-6.6mm이고 날개는 자갈색이며 폭 6mm이다.

수피 및 가지 :

줄기껍질은 갈라지지 않고, 황갈색 어린 가지에 갈색 털이 있으며, 가지가 가늘다. 변재는 백색이며 심재는 담황갈색 줄무늬가 있는 백색이다. 겨울눈은 난상 원형이고 다갈색이며, 털이 없고 수지가 조금 묻는다.

가치 / 용도

구상나무와 분비나무의 외형적으로 비슷해 전문가가 아니면 구분하기 쉽지 않다.
구상나무는 포편 돌기는 비늘모양으로 뒤로 젖혀지는 반면 분비나무는 포편 돌기가 뒤로 젖혀지지 않는다.
강한 살균력의 피톤치드를 분비하고 있어 잎을 상처에 붙이면, 포도상균, 연쇄구균, 디프테리아균, 백일해의 간균에 파괴적 효능을 나타낸다.
목재는 가볍고 연하며 거친 편이고 광택이 강하나 향기는 약하다. 가공성이 좋으며 탄성이 풍부하여 가열하면 잘 구부러진다. 건축, 상자, 가구, 기구, 제지, 펄츠, 단판 등 여러 용도로 사용된다.
정원수 및 크리스마스트리로도 사용된다.

132. 붓순나무

붓순나무 ▼

과명 : 붓순나무 과
학명 : Illicium religiosum S. et Z.
생육지역 : 진도, 완도 및 제주도 등 난대림 지역에 자람
원산지 : 한국, 일본, 대만
성상 : 상록활엽교목
수형 : 원정 형
개화기 : 3~4월
화색 : 담홍색
수고 : 3~5m
결실기 : 9~10월

외형적 특성

잎 :

호생하고 짙은 녹색으로 두껍고 광택이 있으며 길이 5~10㎝, 넓이 2~5㎝의 긴 타원형으로 양끝이 뾰족하며 거치는 없고 엽병은 길이 6~10㎜로서 털이 없다.

꽃 :

엽액에서 지름 2.5~4.0㎝로 피며 10~15개의 꽃잎이 있다.

열매 :

열매는 지름 2.0~2.5㎝의 골돌로 6~12개가 바람개비처럼 배열된다.

수피 및 가지 :

원줄기는 곧게 자라지만 옆 가지가 많이 나와 하나의 둥근 수형을 만들며, 어린가지는 녹색이다. 가지와 잎에서 특수한 냄새가 난다.

가치 / 용도

잎은 전체에 윤기가 있고 부드러운 감을 주어 남부지방의 정원수로 적합하다.
전라도, 경상도 이남에서 월동이 가능하고, 서울지방에서는 온실에서만 재배가 가능하다.
잎이 상록이며 윤기가 있어 남쪽 지방의 정원수로도 적합하다.
수피와 열매에는 특유의 향기가 있어 향료로 쓰기도 한다.
목재는 부드럽고 촉감이 좋아서 양산대 · 염주알 · 주판알을 만드는 데 이용된다.
열매는 독성이 있어 먹지 못한다.

133. 블랙초크베리 (아로니아베리)

과명 :장미 과
학명 : Aronia melanocarpa (Michx.) Elliott (영) Aronia, Black chokeberry
생육지역 : 아시아 · 유럽 · 아프리카 · 아메리카에 널리 분포하며 많은 종류가 있다.
원산지 : 한국, 북동미, 동유럽, 서 러시아 지역
성상 :낙엽활엽관목
수형 :원정 형
개화기 :4~5월
화색 :백색
수고 :1~3m
단풍 색 :담적
결실기 :9~10월
열매 색 :흑색

외형적 특성

잎 :

어긋나기하고 길이 5~10cm, 폭 4~5cm정도의 계란모양 타원형이며 엽병이 있고 표면은 녹색이고 뒷면은 연녹색이며 털이 없고 가장자리에 가는 톱니가 있으며 가을에 붉은색으로 단풍이 든다.

꽃 :

산방화서에 10~20개가 뭉쳐난다. 양성화(자웅동화)로 향이 있어 벌이 좋아하므로 훌륭한 밀원식물이며 일본에서는 아로니아 벌꿀이 판매된다. 꽃잎과 꽃받침은 5개이고 수술은 16개, 암술은 5개이다

열매 :

열매는 직경 8~14mm, 과중 1~2g 정도의 이과이다.

가치 / 용도

미래 유망 유실수, 조경수, 밀원식물로 권장 된다.
해외에서 노인나무로 부를 정도로 관리가 힘들지 않고 적지 않은 수익을 내므로 전원생활을 즐길 수 있는 노후대책 식물로 좋다. 무수정 생식으로 꽃이 전부 열매로 자라므로 생산성이 높고 블루베리에 비해 인력이 대폭 절감된다.
자연의 경이로운 선물. 안토시아닌과 폴리페놀이 많은 량 함유되어있음이 밝혀져 건강식품, 신약재로의 개발이 한창이다. 항산화 효과 (노화방지효과), 시력개선 효과, 혈관질환 예방과 개선효과, 소염 및 살균 작용, 인슐린 생성량을 높이는 작용, 기억력 개선에 효과가 있다.

134. 비목나무

과명 : 녹나무 과
학명 : Lindera erythrocarpa Makino
생육지 : 충청남북도 이남과 경기도 서해안 분포.
분포지: 일본, 중국
성상 : 낙엽 활엽 관목
수고 : 15m
화색 : 노란색, 백색
개화기 : 4월, 5월
결실기 : 8월 말 ~ 10월 중순
열매 색 : 붉은색
단풍 색 : 노란색

외형적 특성

잎 :

어긋나기로 잎은 두껍고 타원형으로 3출 맥과 깃모양 맥이 있고 가장자리가 밋밋한 거꿀피침 모양이고 둔두 예저이며 길이 7 ~ 18cm, 넓이 3 ~ 5cm로서 잎 표면은 윤채가 나고 뒷면은 회 녹색이고 털이 있으나 점차 없어지며 잎자루는 길이 4~8㎜로서 붉은빛이 돈다.

꽃 :

암수딴그루로 꽃은 잎보다 먼저 피고 밑의 잎 겨드랑이에서 나온 우상모양꽃차례에 많이 달리고 화경은 길이 6~8㎜이다. 수꽃은 6개로 갈라진 화피와 9개의 수술로 되어 있으며 수술은 밖에서 6개, 안에서 3개가 2줄로 배열되고 안쪽의 것은 선체가 2개씩 있으며 암꽃은 1개의 암술과 끝부분이 약간 굵어진 암술대가 있다. 꽃자루는 길이 12mm정도로서 잔털이 있다.

열매 :

열매는 장과로 둥글며 길이 12mm, 지름 8mm정도이고 3~10개씩 모여 있다.

수피 및 가지 :

껍질은 황백색이며 노목의 나무껍질은 작은 조각으로 떨어지며 가지에 털이 없으며 일년생가지는 담황색이다.

가치 / 용도

'비목'이라는 가곡의 제목으로 유명하다. 열매는 연말 무렵에 볼 수 있는 사랑의 열매이다.
잎과 잔가지를 썰어서 응달에서 말려 차로 끓이거나, 우려서 마시면 상쾌한 향이 독특한 맛을 즐길 수 있다.
가지와 잎을 첨당과(詹糖果)라고 하여, 전신부종의 이뇨와 해독을 위한 약재로 사용하며
중풍마비, 산후혈액순환 불량, 감기, 몸살, 종기, 타박상, 삔데, 근육통, 관절염, 지혈, 소화불량에 약용하고 있다.

135. 비술나무 (해력사 · 비슬나무 · 개느릅나무)

비술나무(해력사 · 비슬나무 · 개느릅나무)

과명 : 느릅나뭇 과
학명 : Ulmus pumila
생육지 : 중북부, 계곡, 산기슭
성상 : 낙엽 활엽 교목
수고 : 15m
화색 : 노란 빛을 띠는 갈색
개화기 : 3월
결실기 : 5월

외형적 특성

잎 :

호생하며 길이 3~7cm의 타원형 또는 댓잎 피침형으로서 양 끝이 좁아들고 가장자리에 홑 톱니 또는 겹 톱니가 있으며 털이 없다. 잎자루는 길이 2~8mm이고 처음에는 털이 나 있으나 점차 없어진다.

꽃 :

꽃이 잎보다 먼저 묵은 가지 위쪽의 잎 겨드랑이에 취산 꽃차례를 이루며 달려 핀다. 양성화이다.

열매 :

털이 없고 길이는 12~13mm로서 나비가 길이보다 넓으며 중앙에 씨가 들어 있다.
열매가 익어서 떨어지면 곧 싹이 나온다.

수피 및 가지 :

껍질은 어두운 회색 빛이 도는 검은색이며 세로로 깊게 갈라진다. 작은 가지는 가늘며 털이 있고 엷은 회색 빛이 도는 백색이며 밑으로 늘어진다.

가치 / 용도

생 울타리 · 가로수 · 녹음수 · 공원수로 적합하다.
껍질은 음식물에 점질을 가하는데 쓰고 잎은 사료로 쓴다.
목재는 건축재 · 기구재 · 선박재 등에 사용한다.
약으로 쓸 때는 탕으로 하거나 환제 또는 산제로 하여 사용하며 강장보호, 부종, 소변불리, 소종, 수종, 완화, 이뇨 등의 효능이 있다.

136. 비자나무

비자나무 ▼

과명 : 주목 과
학명 : Torreya nucifera S.et Z
생육지역 : 내장산이 자생북한지로 전남, 전북 및 경북 이남지방에 분포하며 제주도 및 내장산의 비자림은 오랫동안 보전된 숲이다.
원산지 : 한국, 일본
성상 : 상록침엽교목
수형 : 원추형
개화기 : 4월, 5월
화색 : 적색, 갈색
수고 : 11m
결실기 : 다음해10월
열매 색 : 자갈색

외형적 특성

잎 :

상록성의 혁질로 선형이며 잎 끝은 손을 찌를 정도로 딱딱하며 예리하다. 잎의 길이는 1.8~2.5㎝, 너비 2~3㎜정도이며 비자나무 특유의 향기가 있다. 표면은 짙은 녹색이나 뒷면은 갈색이고 주맥은 뒷면에만 나타나고 양측에 황 백색의 기공조선이 있으며 6~7년간 잎이 달려 있다.

꽃 :

자웅이가화로서 수꽃은 한 화경에 10여 개의 꽃이 달리나 암꽃은 한군데에 2~3개씩 달린다.
열매
자루가 없고 타원형으로 길이 2.5~2.8㎝, 넓이 2㎝정도의 핵과 모양이고, 겉껍질은 육질의 종의로 싸여 있다.

수피 및 가지 :

줄기와 수피는 홍갈색이며 주간이 곧게 올라간다. 가지는 대생 또는 윤생이며 심재는 황색이다.

가치 / 용도

우리나라에서는 내장산, 제주도 등지에 군집을 이루고 있다. 조경용으로는 거의 이용되고 있지 않다. 장령기 까지의 수형이 정형적인 피라밋 형을 이루고 있어 독립수로의 이용이 권장된다. 군식을 하면 군집미의 감상가치도 기대할 수 있다.
상록의 잎과 웅장하고 품위 있는 수형은 엄숙함을 주며 공원수, 기념수로 심기로 적합 하다.
생장이 느리다.
목재가 탄력이 좋아서 건축재, 가구재, 조각재 등으로 많이 쓰이고, 비자나무로 만든 바둑판은 특히 귀하다. 씨에 채취되는 기름은 식용으로 이용 된다.

ㅅ:

사과나무/사철나무/산딸나무/산사나무/산수국/산수유/산철죽/산황나무/살구나무/삼나무/상수리나무/서양측백나무/서어나무/석류나무/설탕단풍나무/신갈나무/생강나무/세로티나 벚나무/세열단풍나무/소사나무/소철/솜대/쉬나무/수국백당나무/수수꽃다리/수수꽃다리/스트로브잣나무/시무나무/식나무

137. 사과나무

과명 : 장미 과
학명 : Malus pumila Mill.
생육지 : 전국(재배)
원산지 : 서아시아
분포지 : 유럽, 아시아
성상 : 낙엽 큰키나무
수고 : 5-10m
화색 : 흰색 또는 연분홍색
개화기 : 4-5월
결실기 : 8-9월
열매 색 : 붉은빛이 도는 노란색

외형적 특성

잎 :

어긋나며 타원형 또는 난상 타원형이며, 길이 7-12cm, 폭 5-7cm이다. 잎자루에 털이 있다. 앞면은 짙은 녹색이며 뒷면 맥 위에 털이 있다.

꽃 :

짧은 가지 끝에 5-7개가 산형으로 달린다. 꽃잎은 5장, 타원형이다.

열매 :

이과이며 보통 지름이 5~9센티미터이다. 드물지만 15센티미터에 이르기도 한다.
우리나라 전역에 식재한다. 열매는 식용한다.

수피 및 가지 :

어린 가지는 부드러운 털이 있고 넓고 밀집된 잔가지가 많은 수관을 가진다.

가치 / 용도

세계적으로 재배되고 있는 품종은 700여 종이 되지만, 대한민국에서 유실수로 재배되고 있는 품종은 10여 종이다. 사과의 품종은 수확기에 따라 조생종 · 중생종 · 만생종으로 나뉘고, 색깔에 따라 홍색사과 · 황색사과 · 녹색사과로 구분한다. 현재 널리 재배되고 있는 품종에는 스타킹 · 골든딜리셔스 · 조나골드 · 후지 등이 있다. 한국에서는 홍옥이 오랫동안 재배되었으나 현재는 적은수가 재배되고 있다. 주성분은 탄수화물이며, 단백질과 지방은 비교적 적고 비타민C의 함량이 특히 많다. 가식부(可食部)가 95%이고, 수분이 90%인데, 생식용으로 많이 이용되고 있고, 각종 음료와 양조의 원료로도 이용되며, 잼 · 건과 · 분말 · 통조림 등의 가공품과 일부 약품에도 이용되고 있다. 또한 상당한 열량이 있어서 보조식량으로의 이용도 가능하다.
아침사과는 보약이라는 말이 있을 정도로 다른 과육에 비해 탄수화물과 비타민C, 무기염류가 풍부하며 단백질과 지방이 비교적 적다.

138. 사철나무

과명 : 노박덩굴 과
학명 : Euonymus japonica Thunb.
생육지역 : 중부이남의 해변에 자생.
원산지 : 한국, 일본, 중국
성상 : 상록활엽관목
수형 : 원형
개화기 :6~7월
화색 : 황 녹색
수고 : 3m
결실기 : 10월
열매 색 : 적색

외형적 특성

잎 :

대생하며 혁질이고 도란형 또는 좁은 타원형, 예두 또는 둔두, 기부는 약간 예저이며 길이 3~7㎝, 넓이 3~4㎝로 둔한 거치가 있다. 잎 표면은 짙은 녹색이고 광택이 나며 뒷면은 황록색이다. 엽병의 길이는 5~12㎜정도이다.

꽃 :

꽃은 양성으로 액생하는 취산화서에 달려 지름 7㎜내외의 꽃이 피며, 꽃받침, 꽃잎, 수술은 4개씩이다.

열매 :

열매는 삭과로서 둥글고 직경 약 7㎜로서 종자는 황적색의 종의로 둘러싸여 있고 겨울 동안에도 매달려 있다.

수피 및 가지 :

줄기는 직립하지만 가지가 굵게 많이 나서 수관이 퍼지며, 어린 가지는 녹색이고 털이 없다. 가지에 부착된 엽병 주위에 흑갈색의 선점이 있다.

가치 / 용도

밝은 녹색의 잎과 노란 과육, 붉은 종자가 아름다우며 공해, 조해에도 강하여 식재 범위가 넓다. 생 울타리 차폐식재, 경계식재, 기초식재용으로 이용하며, 단식, 군식 한다.
공원, 정원에도 적당하며, 하목용으로 이용하기도 한다.
생육기간 중에 껍질을 채취하여 햇볕에 말려 잘게 썰어서 약재로 쓰며 강장, 이뇨 등의 효능이 있다. 적용 질환은 신체허약, 히스테리, 임질, 소변이 잘 나오지 않는 증세, 요통 등에 효과가 있다.

139. 산딸나무

산딸나무 ▼

과명 : 층층나무 과
학명 : Cornus kousa Buerg.
생육지역 : 중부이남의 산야에서 자생.
원산지 : 한국, 일본
성상 : 낙엽활엽관목
수형 : 평정 형
개화기 : 6~7월
화색 : 백색
수고 : 10m
단풍 색 : 적갈색
결실기 : 10월
열매 색 : 적색

외형적 특성

잎 :

대생하며 타원형 또는 난상 타원형으로 길이 5~10㎝정도이며, 점첨두, 원저이고 거치가 없거나 파상의 거치가 있는 경우도 있다. 측맥은 4~5으로 활처럼 굽어지며 잎의 뒷면은 회록색으로 복모가 밀생하며 맥액에 갈색털이 밀생 한다.

꽃 :

지난해 자란 가지에서 20~30개의 꽃이 백색으로 피며, 각 꽃마다 4개의 흰 총포가 발달하여 나무전체를 하얗게 뒤덮는다.

열매 :

구형 복과로 직경 1.5~2.5㎝이고 감미도가 높다. 열매 속에는 여러 개의 종자가 들어 있다.

수피 및 가지 :

가지가 수평으로 넓게 퍼진다.

가치 / 용도

수피가 모과나무와 같이 아름다워서 관상가치가 매우 높다. 정원, 공원에 적당하며 공해에 강하여 가로수로서의 개발도 기대되는 나무이다. 첨경수로 사용 하여도 좋고 아파트지역에 식재해도 좋다.
수렴, 지혈, 지리, 속골의 효능이 있다.
수렴성 지혈 작용이 있어 외상 출혈에 쓰고, 이질에도 유호하며 골절상에 활용한다.

140. 산사나무

과명 : 장미 과
학명 :Crataegus pinnatifida
성상 : 낙엽 활엽 소교목
생육지: 전국 각지의 산지, 골짜기, 마을 부근
분포지역 : 중국, 러시아 동북부
수고 : 6~8m
화색 : 흰색
개화기 : 5월
결실기 : 9~10월
열매 색 : 붉은색

외형적 특성

잎 :

호생하며 길이 6~8cm, 나비 5~6cm의 넓은 달걀꼴 또는 삼각 모양의 달걀꼴로서 가장자리가 깃 모양으로 깊게 갈라지는데 밑 부분은 더욱 깊게 갈라진다. 가장자리에 뾰족하고 불규칙한 톱니가 있다. 표면은 짙은 녹색에 윤기가 있으며 양면의 맥 위에 털이 있다. 잎자루의 길이는 2~6cm이다.

꽃 :

가지 끝에서 산방 꽃차례로 오판화가 달려 핀다. 꽃잎은 둥글며 꽃받침 조각과 더불어 각각 5개씩이다. 수술은 20개이며 꽃밥은 붉은색이다.

열매 :

지름 1.5cm 정도의 둥근 이과가 달려 익는다. 끝에 꽃받침이 남아 있고 흰색의 반점이 있다.

가치 / 용도

꽃과 열매가 아름답고 잎의 모양도 기이하여 정원수 · 조경수로 적합하다.
열매를 산사자라 하는데 특히 우리나라 것은 토산사, 중국 것은 산사육이라 한다. 그대로 먹거나 화채 또는 과실주를 담가 먹는다.
약으로 쓸 때는 탕으로 하거나 산제 또는 환제로 하여 사용하며, 술을 담가서도 쓰는데
간경변증, 강심제, 강장보호, 건위, 고 지방혈증, 고혈압, 곽란, 동맥경화, 동상, 식욕부진, 어혈, 월경불순, 장염, 주독, 진통, 콜레스테롤억제 등에 효능이 있다.
목재는 공예품을 만든다.

141. 산수국

곡명 : 범의귀 과
학명 : Hydrangea serrata for. acuminata (Siebold & Zucc.) Wilson
원산지 : 아시아
생육지 : 산골짜기, 자갈밭
분포지 : 한국, 일본, 타이완
성상 : 낙엽관목
수고 : 약 1m
화색 : 흰색, 하늘색, 붉은색
개화기 : 7~8월
개화기 : 9월

외형적 특성

잎 :

마주나고 긴 타원형이며 길이 5~15cm, 너비 2~10cm이다. 끝은 흔히 뾰족하며 밑은 둥근 모양이거나 뾰족하다. 가장자리에 뾰족한 톱니가 있고 겉면의 결맥과 뒷면 맥 위에 털이 난다.

꽃 :

가지 끝에 산방꽃차례로 달린다. 주변의 중성화는 꽃받침조각이 3~5개이며 꽃잎처럼 생기고 중앙에는 양성화가 달린다. 꽃받침조각과 꽃잎은 5개, 수술은 5개이고 암술대는 3~4개이다.

열매 :

삭과(蒴果)로서 달걀 모양이다.

수피 및 가지 :

작은 가지에 털이 난다.

가치 / 용도

한방에서는 수국류를 수구, 수구화 또는 팔선화라고도 부르며 뿌리와 잎과 꽃 모두를 약재로 쓴다. 천연 게르마늄, 루틴 등의 혈관 강화 성분이 다량 함유되어 있으며 심장을 강하게 하여 가슴이 두근거리는 증세에 처방하고 열을 내리는데도 많이 쓰인다.
암이나 당뇨병의 예방에 좋으며, 심장을 튼튼히 하고 혈액순환을 좋게 하여 머리를 맑게 한다. 차로 마시면 피를 맑게 하고 목과 머리를 상쾌하게 한다.
산수국에는 설탕의 100배나 되는 무가당의 천연 감미와 향이 있어 당뇨, 다이어트, 피부미용 등에 효과가 있다.

142. 산수유

과명 : 층층나무 과
학명 : Cornus officinalis S. et Z.
생육지역 : 경기도이남 지역
원산지 : 한국, 중국
성상 : 낙엽활엽교목
수형 : 선형
개화기 : 3월
화색 : 황색
수고 : 7m
결실기 : 10월
열매 색 : 적색

외형적 특성

잎 :

대생하며 길이 4~10㎝, 너비 2.5~6㎝로서 긴 타원형 또는 난상피침형이고 긴 점첨두이며 넓은 예저이다. 6~7쌍의 뚜렷한 측맥이 활처럼 굽는다. 잎의 표면은 광택이 있고, 뒷면은 연한 녹색이거나 흰빛이 돌며 맥 사이에 갈색의 강한 털이 있다.

꽃 :

양성화로 잎이 나오기 전 산형화서에 20~30개의 작은 황색 꽃들이 뭉쳐 퍼지면서 핀다.

열매 :

핵과이며 길이 1.5~2㎝인 타원형이다.

수피 및 가지 :

우산모양의 수형을 이루며, 수피가 잘 벗겨지고, 소지는 자갈색이다.

가치 / 용도

풍년화와 함께 노란꽃으로 봄을 알리는 산수유는 갈라져 떨어져 나가는 회갈색 수피의 특이함과 여름철에 결실하는 빨간 열매가 아름답다. 사계절 아름다운 관상수라 할 수 있다. 경기도 광릉지방에 자생지가 있다.
가을에 완전히 익은 열매를 채취하여 씨를 빼고 건조시켜 복용한다. 성분은 주로 타르타르산 · 말산 · 당분 · 수지 등 여러 가지로 이루어져 있다. 주로 간과 신장의 경락에 작용하며, 성질은 약간 따뜻하고 독이 없다.

143. 산철죽 (산철쭉)

과명 :진달래과
학명 : Rhododendron yedoense var. poukhanense Nak
생육지역 : 함경북도를 제외한 전 지역
원산지 : 한국
성상 : 낙엽활엽관목
수형 : 선형
개화기 :5월
화색 : 적갈색
수고 : 1~2m
단풍 색 : 적색
결실기 : 9월

외형적 특성

잎 :

호생하고 길이 3~8㎝, 넓이 1~3㎝인 좁고 긴 타원형으로 양끝이 좁고 가장자리에 톱니가 없으며, 표면에는 털이 드문드문 있고 뒷면에는 갈색털이 밀생한다.

꽃 :

가지 끝에 2~3개씩 달리며, 지름 5~6㎝로 깔대기 모양이다. 꽃잎의 상단에 검은 반점이 많고, 10개의 수술이 1개의 긴 암술을 감싸고 있다.

열매 :

난형의 삭과로 길이 8~10㎜의 긴 털이 있다.

수피 및 가지 :

밑에서 많은 줄기가 올라와 포기를 만들어 군생하고 소지에는 갈색털이 있으며 어린가지와 화경에는 끈적끈적한 액이 있다.

가치 / 용도

유묘에서 부터 개화하므로 조기 조경효과를 거둘 수 있다. 공원, 정원에 적당하고 도로변에 병목으로 심어도 좋으며, 어느 곳에나 어울리는 나무이다. 꽃은 호화롭고 화사하여 정원이나 공원, 절개사면의 녹화조경으로 훌륭하다.
꽃은 식용할 수 없으며 먹으면 두통, 구토를 일으켜 위험하다.
잎에는 안드로메도톡신, 아비쿨라딘, 히페로시드, 올레아놀산이 있다. 안드로메도톡신의 함량은 이른 봄에 핀 꽃에서 가장 많고 여름 가을에 심히 낮아진다. 고혈압 초기에 사용할 수 있으며 민간약으로 봄철의 어린가지와 잎을 채취하여 고혈압, 통풍에 효능이 있어 치료약으로 사용한다.

144. 산황나무

과명 : 갈매나무 과
학명 : Rhamnus crenata
생육지 : 제주도와 목포 수달산 등 남부 지방. 표고 70~1,100m의 산과 들, 바닷가
분포지 : 중국과 일본
성상 : 낙엽 활엽 관목
수고 : 3m
화색 : 황록색
개화기 : 6~7월
결실기 : 8~9월
열매 색 : 검붉은 색

외형적 특성

잎 :

어긋나며 길이 6~12cm, 나비 2.5~5.5cm의 달걀꼴, 거꿀 달걀꼴 또는 타원 모양의 댓잎 피침형으로서 끝이 뾰족하고 밑은 뭉뚝하거나 좁으며 가장자리에 잔 톱니가 있다. 표면은 연한 녹색이다. 길이 5~15mm인 잎자루에 털이 나 있고 턱잎이 있다.

꽃 :

잎 겨드랑이에서 나온 꽃대 끝에 5~10개의 작은 꽃이 취산 꽃차례로 달린다. 암수한그루의 양성화이다. 수술은 5개이고 암술은 1개이지만 암술대가 3개로 갈라진다. 씨방은 3실이다.

열매 :

지름 6~8mm의 둥근 핵과가 달리는데 핵과이지만 장과 처럼 생겼으며 2~3개의 홈이 있다. 씨는 2~3개가 들어 있다.

수피 및 가지 :

나무껍질은 회색 빛이 도는 갈색이다. 1년생 작은 가지는 갈색이고 짧은 털이 있으나 2년생 묵은 가지는 자줏빛을 띠는 갈색이며 털이 없다.

가치 / 용도

생 울타리, 관상용으로도 적합하다. 새들이 열매를 즐겨 먹기 때문에 조류의 유치를 위해 식재하면 좋다.
목재는 땔감용으로 이용된다. 나무껍질은 염료로 이용된다.
약으로 쓸 때는 탕으로 하거나 산제로 하여 사용한다. 외상에는 짓이겨 붙이거나 달인 물로 씻는다.
복수증, 산기, 살균, 수종, 습진, 옴, 이습, 창독, 청열, 해열 등에 효능이 있다.

145. 살구나무

과명 : 장미 과
학명 : Prunus armeniaca var. ansu Max.
생육지역 : 우리나라 전 지역
원산지 : 중국
성상 : 낙엽활엽교목
수형 : 원정 형
개화기 : 4월
화색 : 홍자색
수고 : 5~10m
결실기 : 7월
열매 색 : 황색, 황적색

외형적 특성

잎 :

호생하며 넓은 타원형 또는 넓은 난형, 점첨두, 설저로 양면에 털이 없고 길이 6~8㎝, 넓이 4~7㎝이며 불규칙한 단거치가 있다.

꽃 :

꽃은 지름 2.5~3.5㎝로 화병은 거의 없고 향기도 거의 없다. 꽃받침은 5개이고 뒤로 젖혀진다.

열매 :

열매는 지름 3㎝정도의 핵과로 구형이며 융모가 있고 측면에 날개 같은 돌기가 없으며 과육과 핵이 잘 분리된다.

수피 및 가지 :

수피에 콜크가 발달하지 않으므로 개살구와 쉽게 구별된다.

가치 / 용도

살구꽃은 복숭아꽃과 함께 고향을 대변하는 관상수이기도 하다. 주로 과수로 재배되나 독립수, 정원수 및 경계 식재용으로 이용 가능하다.
살구나무는 재질이 단단하여 고급 관재로 사용되었고, 가구, 기구재, 차량 재료로도 많이 쓰였다. 불교에서는 살구나무로 만든 목탁을 치면 그 소리가 깨끗하고 영롱하게 울린다고 하여 진재로 여겨져 왔다. 살구나무를 베어 동네 연못 속에 5년간 담가놓았다가 꺼내어 다듬이를 만들면 절대로 갈라지지 않고 훌륭한 다듬이가 된다고 한다.
열매에는 항암작용, 진해작용, 평천작용, 배변촉진작용, 항종양작용, 피로회복, 진해, 거담, 만성기관지염, 회음부소양, 변비, 심장병, 고혈압, 피부미용, 여드름, 위암, 각종 암 등의 효능이 있다고 한다.

146. 삼나무

과명 : 낙우송 과
학명 : Cryptomeria japonica (L.f.) D.Don
원산지 : 한국, 일본
생육지역 : 계곡 등
성상 : 상록 침엽교목.
수고 : 40m
개화기 : 3월
결실기 : 10월
열매 색 : 적갈색

외형적 특성

잎 :

바늘 모양이며 길이 12-25mm, 끝이 뾰족하다. 단면은 삼각형 또는 사각형이고 사면에 기공선이 있다.

꽃 :

암수한그루로 핀다. 수꽃은 가지 끝에 타원형의 짧은 이삭꽃차례로 달린다. 암꽃차례는 가지 끝에 1개씩 달리며, 둥글고 자록 색의 포가 있다.

열매 :

열매는 구과, 둥글며 지름 16-30mm, 실편은 두껍고 끝에 몇 개의 톱니 모양 돌기가 있다. 씨는 각 실편에 3-6개씩 들어 있으며 긴 타원형, 길이 8mm, 지름 2.5-3.0mm, 둘레에 좁은 날개가 있다.

수피 및 가지 :

줄기는 가지가 많이 나와 위로 또는 수평으로 퍼지고, 수피는 적갈색 또는 암적갈색으로 세로로 가늘고 길게 갈라져 벗겨진다.

가치 / 용도

옛날부터 일본의 개국신화에 나올 만큼 그들이 자랑해 마지않는 일본 나무이다.
줄기는 곧 바르게 집단으로 모여서 아름드리로 잘 자라 쓰임새가 넓다. 조림수, 방풍수로, 공원수, 산울타리용으로 심으며, 목재는 건축재로 쓴다.
면역력과 자연치유력을 높여주는 피톤치드를 발산하여 삼림욕의 혜택을 준다. 삼나무로 만든 술통은 나무속의 성분이 녹아 나와 술의 향기를 증가시킨다고 알려져 있다.
한방에서 줄기와 가지를 삼목. 가지 마디를 삼목절. 뿌리껍질을 삼목근피 또는 유삼, 뿌리껍질을 삼목근피 또는 유삼. 잎은 삼엽. 열매는 삼자라고 하여 종기, 아토피, 무좀, 화상이나 동상, 독충에 물렸을 때 간이나 신장이 안 좋을 때 등 다양하게 쓰인다.

147. 상수리나무

과명 : 참나무 과
학명 : Quercus acutissma Carr.
생육지역 : 전국 각 지역의 마을 부근이나 산록부에서 자람.
원산지 : 한국, 중국, 일본, 히말라야
성상 : 낙엽활엽교목
수형 : 원추, 원정 형
개화기 : 4~5월
화색 : 황색
수고 : 25m
단풍 색 : 황색
결실기 : 다음해 10월
열매 색 : 갈색

외형적 특성

잎 :

호생하고 장타원상 피침형, 예첨두, 원저이고 가장자리에 침상거치가 있다. 길이 8~20㎝로 측맥은 12~16쌍이며 평행으로 달리고 거치의 끝까지 이어진다. 표면은 털이 없고 윤채가 있으며 뒷면은 다세포(多細胞)의 단모가 있다. 밤나무와 비슷하지만 거치 끝에 엽록체가 없어 희게 보이며 잎 뒷면에는 소선점이 없어 구별된다.

꽃 :

자웅일가화로 웅화서는 밑으로 처지고 자화서는 위로 곧게 나와 1~3개의 암꽃이 달린다.

열매 :

장타원형으로 지름 2㎝정도의 견과로 길게 뒤로 젖혀진 포린으로 싸여져 있다.

수피 및 가지 :

줄기는 원줄기가 곧게 올라가 큰 수형을 만들며 수피는 회갈색이고 약간 깊게 갈라진다. 어린 가지는 처음 회백색의 단모가 밀생하나 뒤에 거의 없어지고 둥근 피목이 산재한다.

가치 / 용도

현재 거의 조경용으로 이용하고 있지 않으나, 자연보전림용, 녹음수 또는 독립수로 이용할 만 한 수종이다. 가을의 황엽과 흑회색의 줄기의 자연스런 모습이 관상적 가치가 높다. 생장이 빠르다.
체내의 중금속 제거에 탁월한 효과를 가지고 있어서 우라늄, 니켈, 카드늄, 수은, 납 등의 중금속을 제거해준다. 수분이 많고 칼로리가 낮아서 다이어트에 좋은 효과가 있으며 이뇨작용을 촉진하여서 체내독소와 노폐물을 배출시켜준다.
칼륨 성분이 함유되어 있어서 체내 불필요한 나트륨을 배출시켜주며 콜레스테롤과 혈압의 수치를 낮춰주고 암을 예방하고 암세포의 증식을 억제 시켜준다.

148. 서양측백나무

과명 : 측백나무 과
학명 : Thuja occidentalis L.
생육지역 : 우리나라 전 지역(1930년경 도입, 특히 중부 이남에 식재)
원산지 : 북아메리카
성상 : 상록침엽교목
수형 : 원추형
개화기 : 4~5월
화색 : 담자갈 색
수고 : 20~30m
결실기 : 9월
열매 색 : 황갈색

외형적 특성

잎 :

상록성이고 비늘모양의 난형으로 갑자기 뾰족해지며, 잎의 넓이는 3㎜이다. 잎 표면은 녹색이고, 뒷면은 황록색으로 원형의 선점이 있으며 향기가 강하다.

꽃 :

꽃은 자웅일가화로 암꽃은 난원형이고, 수꽃은 구형이며 전년생의 가지 끝에 한 개씩 달린다.

열매 :

길이 8~12㎜의 난형 또는 긴 타원형으로 황갈색의 구과이고, 실편은 8~10개로서 처음에는 육질이나 뒤에 목질로 변한다. 종자는 긴 타원형으로 길이 3㎜로서 황갈색이며 양편에 좁은 날개를 가진다.

수피 및 가지 :

가지가 짧으며 수평으로 발달하여 좁은 원추형의 수관을 형성한다.

가치 / 용도

수간이 직립성으로 피라밋 모양을 만들며 경엽이 치밀하고 신선하며 향긋한 냄새가 난다.
독립수, 악센트용, 생 울타리, 차폐용 및 방풍용 등으로 적합하다. 남부지방에서 정원수와 풍치수로 심고 있다.
토양기공 및 수분이 풍족하여야 생육이 잘되며, 그렇지 못한 경우에는 여기저기 가지가 죽어 가는 현상이 나타나게 된다.
맹아력이 강하여 높은 울타리를 만들 수 있으며 정원의 주된 축의 기능으로 좋다.

149. 서어나무

과명 : 자작나무 과
학명 : Carpinus laxiflora (Sieb. et Zucc.) Blume
생육지역 : 산지, 해발 100–1,000m 지역
원산지 : 한국(추정)
분포지역 : 한국(중부지방의 황해도 이남) · 일본 · 중국 등지
결실기 : 9~10월

외형적 특성

잎 :

붉은빛이 돌지만 녹색으로 되며 타원형 또는 긴 난형 이고 길이 5.5~7.5cm, 나비 2.5~4cm로서 꼬리처럼 길게 뾰족해지며 원저 · 아심장저 또는 예저이고 복거치가 있으며 측맥은 10~12쌍이고 표면에 털이 없으며 뒷면 맥 위에 잔털이 있고 엽병은 길이 6~18mm로서 털이 없다.

꽃 :

1가화로서 잎보다 먼저 피며 웅자수는 소지에서 밑으로 처지고 수꽃은 각 포에 1개씩 달리며 8개의 수술이 있고 수술대가 2개로 갈라진다. 자화수는 대가 있으며 포에 암꽃이 2개씩 달리고 암술머리는 2개이며 과수(果穗)는 길이 4~8cm, 지름 1.8cm로 대가 있고 처진다. 포는 길이 1~1.7cm로서 한쪽에 결각 상의 톱니가 있으며 반대쪽 기부에 1개의 돌기가 있다.

열매 :

소견과(小堅果)는 길이 3mm로서 넓은 난형이다.

수피 및 가지 :

높이 15m, 지름 1m이고 수피는 회색이며 울퉁불퉁하고 소지와 동아(冬芽)에 털이 없다.

가치 / 용도

서어나무의 경도는 웬만한 쇠보다 높다. 서양에서는 풍차의 부품, 동양에서는 물레방아의 부품을 만들었고 농기구의 자루는 대부분 서어나무로 만들었으며 지금도 서양장기 체스의 알, 공장 기기 부품과 장치, 플로어, 피아노 부품, 모형비행기의 부품 등의 재료로 사용되고 있다.
서어나무는 초봄에 줄기에 구멍을 내고 수액을 받아서 약으로 쓴다. 서어나무의 성분은 신경정신 안정제로서 효과가 있으며 그 외에도 다양한 약재로 쓰인다.
과학자들은 암에 걸린 곤충들이 서어나무의 잎을 갉거나 수액을 빤 뒤에 암이 치유 됨을 관찰하고 연구 중인 것으로 알려진다.

150. 석류나무

과명 : 석류 과
학명 : Punica granatum L.
생육지역 : 남부, 남해안, 제주도, 경기도 이남
원산지 : 이란, 아프가니스탄, 파키스탄
성상 : 낙엽활엽교목
수형 : 부정형
개화기 : 5~6월
화색 : 적색
수고 : 4~10m
단풍 색 : 황색
결실기 : 9~10월
열매 색 : 황적색

외형적 특성

잎 :

잎이 나오는 것이 다른 종류의 나무에 비해 늦어 4월 하순이나 5월 상순이 되어야 하며 길이 2~8㎝의 장타원형으로 대생 한다. 가장자리에 거치가 없다.

꽃 :

가지 끝의 짧은 화경에 1~5개씩 달리며 5~7개의 적색 꽃잎이 포개져 귀여운 종모양이 된다. 꽃받침이 두껍고 통부는 자방과 합착하여 있으며 5~7개로 갈라져 있다.

열매 :

열매는 둥글며 지름 6~8㎝로 흔히 두꺼운 과피가 터져 종자가 드러난다.

수피 및 가지 :

작은 가지가 많이 나오며 어린 가지는 사각형으로 가늘고 끝이 가시로 변한 것이 있다.

가치 / 용도

석류나무를 심으면 자손이 번성한다 하여 마당이나 뜰에 많이 심던 가정과수로 동양정원의 대표적인 상징이기도 하다. 정원, 공원에 적당하고 첨경수로 쓰이며 중부지방에서는 분에 심어 관상하는 것도 좋다. 피부미용 석류에는 천연 에스트로겐과 비타민이 풍부하여 피부의 노화를 방지해주고 기미나 주근깨를 막아주는 효과가 있다. 면역력 강화 석류에는 칼슘, 무기질, 각종 무기질 성분이 풍부하여 피를 맑게 해주고 면역력을 강화시켜주며, 혈액순환에도 효능이다.
시력개선 석류에는 비타민A가 풍부하게 함유되어 눈을 맑게 해주거나 야맹증을 예방해주는 등의 시력개선에 뛰어난 효과를 가지고 있다. 숙취해소 석류는 숙취해소에 뛰어난 효과가 있다.감기예방 및 갱년기 장애 예방 석류에는 각종 비타민 성분들이 다양하게 함유되어 감기 예방에 효과가 있다.

151. 설탕단풍나무 (캐나다단풍)

과명 : 단풍나무 과
학명 : Acer saccharum Marsh.
생육지역 : 전국
원산지 : 미국 동부
성상 : 낙엽활엽교목
개화기 : 4~5월
화색 : 황록색
수고 : 40m
단풍 색 : 적색
결실기 : 9월 ~ 10월

외형적 특성

잎 :

대생하고 원형이며 지름이 8~14cm로서 장상으로 3~5개로 갈라지고 열편은 점첨두, 심장저이고 가장자리는 밋밋하거나 치아상의 드문 거치가 있다.

꽃 :

잡성화로서 꽃잎이 없고 산방화서이다.

열매 :

시과로서 약간 벌어지며 길이 2.5~4cm이다.

수피 및 가지 :

수피는 회백색으로 갈라지고, 수액으로 설탕을 만들기도 한다.

가치 / 용도

캐나다의 국기는 이 나무의 잎을 이미지화 하였다.
붉게 물드는 단풍이 매우 화려하고, 수형이 단정하다.
잎의 모양이 수려하고 녹음이 짙은 나무로 녹음수, 풍치수, 가로수로 적합하다.

152. 신갈나무 (물가리나무)

과명 : 참나무 과
학명 : Quercus mongolica
원산지 : 한국, 중국, 러시아
생육지 : 전국 산지의 중턱
성상 : 낙엽 활엽 교목
수고 : 30m
개화기 : 4~5월
화색 : 노란빛을 띤 녹색
결실기 : 9월

외형적 특성

잎 :

어긋나지만 가지 끝에서는 모여난 것처럼 보인다. 참나무 종류 중에서 가장 먼저 잎이 나오는 나무이다. 잎몸은 길이 7~20cm의 거꾸로 된 달걀 모양의 긴 타원형으로서 가장자리에 3~17쌍의 톱니가 있는데 톱니와 더불어 끝이 둥글고 밑은 갑자기 좁아져서 귀밑 모양으로 되며 뒷면 맥 위에 털이 있다. 잎자루는 길이 1~13mm로 매우 짧은 것이 특징이며 털은 없다.

꽃 :

암수한그루이다. 수꽃 이삭은 새 가지 밑동의 잎 겨드랑이에서 꼬리처럼 생긴 미상 꽃차례로 달려 밑으로 처지고 암꽃 이삭은 위쪽에 수상 꽃차례로 달려 곧게 선다. 수꽃에는 1~17개의 수술과 3~12개의 꽃덮이 조각이 있다. 암꽃은 1개 또는 여러 개가 이삭 모양으로 달리는데 6개의 꽃덮이 조각과 1~5개의 암술머리가 있다.

열매 :

길이 6~25mm, 지름 6~20mm인 넓은 타원형의 견과가 달려 익는다. 이 열매를 도토리라 하는데 도토리 길이의 절반에서 3분의 1 정도를 덮고 있는 각두(殼斗)는 포 비늘이 굽어서 등이 튀어나오고 도토리는 떨어지면 곧 싹이 튼다.

가치 / 용도

캐나다의 국기는 이 나무의 잎을 이미지화 하였다.
붉게 물드는 단풍이 매우 화려하고, 수형이 단정하다.
잎의 모양이 수려하고 녹음이 짙은 나무로 녹음수, 풍치수, 가로수로 적합하다.

153. 생강나무 (생나무)

과명 : 녹나뭇 과
학명 : Lindera obtusiloba
생육지 : 전국 각지. 산기슭 양지, 숲 속의 냇가
성상 : 낙엽 활엽 관목 또는 소교목
수고 : 3~8m
화색 : 노란색
개화기 : 3월
결실기 : 9월
열매 색 : 흑자색

외형적 특성

잎 :

어긋나며 길이 5~15cm, 나비 4~13cm의 달걀꼴 또는 달걀 모양의 원형으로서 위쪽의 가장자리가 대개 3~5갈래로 얕게 갈라지며 가장자리가 밋밋하다. 3개의 세로 맥이 있고 뒷면의 맥에 솜털이 나 있다. 잎자루의 길이는 1~2cm이다.

꽃 :

잎이 나오기 전에 피는데 잎겨드랑이에서 나온 짧은 꽃대에 작은 꽃들이 모여 산형 꽃차례로 달린다. 암수딴그루이다. 수꽃에는 깊게 갈라진 꽃 덮이 조각 6개와 9개의 수술이 있다. 암꽃에는 꽃 덮이 조각 6개와 1개의 암술, 그리고 헛 수술 9개가 있다. 작은 꽃자루는 짧고 털이 있다.

열매 :

지름 7~8mm의 작고 둥근 장과가 달린다.

수피 및 가지 :

껍질은 회색을 띤 갈색이며 매끄럽다.

가치 / 용도

지방에 따라서는 기름을 짜서 머릿기름으로 사용했다.
잘라낸 가지에서 생강 냄새와 같은 향내가 나므로 생강나무라고 한다. 우리나라에 생강이 들어오기 전에는 이 나무껍질과 잎을 말려서 가루를 내어 양념이나 향료로 썼다고 전해진다.
어린 싹은 작설차(雀舌茶)라 하여 어린잎이 참새 혓바닥만큼 자랐을 때 따서 말렸다가 차로 마신다.
어린 가지를 말린 것을 황매목(黃梅木)이라 하며 약재로 쓴다. 약으로 쓸 때는 주로 탕으로 하여 사용하는데 강심제, 건위, 사혈, 신경통, 어혈, 타박상에 효능이 있다.

154. 세로티나 벚나무 (흑벚나무, 블랙체리, 럼주체리)

세로티나 벚나무 (흑벚나무, 블랙체리, 럼주체리) ▼

과명 : 장미 과
학명 : prunus serotina
생육지역 : 중부 이남지방
성상 : 낙엽활엽교목
원산지 : 북미대륙(미국, 멕시코, 과테말라) 1937년경 도입
수고 : 20 m
화색 : 백색
개화기 : 4월경
열매 색 : 붉은색에서 까만 색으로
결실기 : 6~7월

외형적 특성

잎 :

잎은 아기 손바닥 만하고 타원형으로 가장자리는 예리한 톱니가 있다. 잎 표면은 짙은 녹색이고 광택이 있으며, 후면은 회백색으로 때로는 주맥에 털이 있다.

꽃 :

열매는 붉은색에서 시큼한 맛이 좀 난다.

열매 :

잎이 반쯤 피었을 때 유백색으로 가지 끝에 긴 원뿔모양 꽃차례가 달리는데 귀룽나무의 꽃과 비슷하지만 잔 꽃이 많이 달린다.

수피 및 가지 :

나무둘레는 한 아름 정도로서 수피는 어려서는 좁은 숨구멍이 있고 성장하면서 진한 흑갈색으로 불규칙하게 갈라지며 가는 가지는 적갈색으로 쓴 맛과 냄새가 있다

가치 / 용도

성장은 벚나무보다 빠르다.
목재는 무늬가 좋아 주로 가구재로 많이 쓰인다.
귀룽나무와 흡사하다.
열매는 영양도 많고 맛도 좋아서 새들의 먹이 감이다.

155. 세열단풍나무 (공작단풍)

과명 : 단풍나무 과
학명 : Acer palmatum var. dissectum Maxim.
원산지 : 일본
성상 : 낙엽활엽관목
개화기 : 4~5월
수고 : 2~6m
단풍 색 : 적색
결실기 : 9월 ~ 11월

외형적 특성

잎 :

대생하며 장상으로 깊게 기부까지 7~11개로 갈라지며 열편은 선상피침형이고 각 열편은 다시 우상의 열편으로 갈라져 있다. 가을에 단풍이 들지 않는다.

수피 및 가지 :

가지가 사방으로 퍼지며 약간 처지는 성질이 있다.

가치 / 용도

가지가 사방으로 퍼지며 약간 처지는 성질이 있다.
봄부터 초여름까지의 어린잎은 자갈색을 띠고 있다가 점차 푸르게 변한다.
주로 정원수로 심고 가을에 단풍이 들지 않는다

156. 소사나무

과명 : 자작나무 과
학명 : Carpinus turczaninowii Hance
원산지 : 한국
생육지 : 전국
성상 : 낙엽 활엽 소교목.
수고 : 10m
수형 : 원정 형
개화기 : 4~5월
결실기 : 10월

외형적 특성

잎 :

호생하고 작고 달걀형으로 호생, 난형, 첨두 또는 둔두이다. 잎의 길이는 2~5㎝로 복거치가 있고 둥근 밑이다. 측맥은 10~12쌍이다. 잎은 진녹색으로 빳빳한 가죽질이며 잎맥이 선명하게 나타난다.

꽃 :

수꽃은 유이 화서, 암꽃은 엽상의 포를 가진 유이 화서. 암수한몸 단성화로 잎보다 먼저 핀다.

열매 :

소견과, 난형, 길이는 5㎜, 과수는 2~3㎝ 길이, 포는 4~6개, 반난형, 둔두, 거치연, 기부는 열매를 약간 둘러쌈

수피 및 가지 :

홍갈색의 수꽃이삭은 작은 가지 끝과 밑부분에 달리는데 조밀하여 밑으로 늘어진다. 줄기는 직립하고 밑에서 큰 가지가 발달한다. 나무껍질은 암갈색이다. 작은 가지에는 빽빽한 털이 있다. 뿌리는 원뿌리와 곁뿌리가 있다.

가치 / 용도

메마름과 소금기에 강하며, 줄기가 잘려져도 새싹이 잘 나오는 등 척박한 조건에 잘 적응하기에 분재나무로서 인기가 높다. 잎과 가지의 형태가 아름다워 정원수로도 적합하다.
약용으로는 타박상, 종기에 찧어 바른다.

157. 소철

소철 ▼

과명 : 소철과
열매색 : 적색
학명 : Cycas revoluta Thunb.
생육지역 : 제주도에서는 뜰에도 자라지만
기타 지역에서는 온실이나 집안에서 기른다.
원산지 : 동아시아, 일본, 중국, 대만
성상 : 상록침엽교목
수형 : 원추형
개화기 : 6, 7, 8월
수고 : 1~4m
결실기 : 11, 12월

외형적 특성

잎 :

줄기의 끝부분에 총생하며 대형의 우상복엽으로 소엽은 선형이며 잎의 기부에 가까운 열편은 가시모양이 된다.

꽃 :

자웅이주로서 줄기의 선단에서 꽃이 피며 수꽃은 길이 50~60㎝, 직경 10~13㎝의 원추형으로 직립하고 암꽃은 줄기의 끝에 모여 달린다.

열매 :

넓은 난형으로 길이 약 4㎝정도이며 먹을 수 있다.

수피 및 가지 :

가지는 없고, 줄기가 하나로 자란다.

가치 / 용도

우리나라에서는 제주도 외에는 내한성이 약하여 대개 분식하여 실내의 관엽식물로 이용한다.
잎은 고사리 류나 야자 류의 잎과 유사한 우상의 규칙적인 배열이며, 광택이 있고 절단하여도 오래 시들지 않기 때문에 꽃꽂이나 장식용으로 이용한다.
줄기는 엽흔이 남아 있어 독특한 질감을 나타내고, 잎은 상단부에서 분수의 물줄기 같이 사방으로 드리우고 있다.
수형이 정형적 미를 지니고 있어 실내조경에서 장식적인 효과를 기대할 수 있다.
중풍, 늑막염에 효능 있음.

158. 솜대

과명 : 벼 과
학명 : Phyllostachys nigra var. henonis (Bean) Stapf ex Rendle
원산지 : 중국
생육지 : 중남부 지방. 인가 부근 식재
수고 : 10m
개화기 : 6~7월
화색 : 흰색
결실기 : 10월
열매 색 : 붉은색

외형적 특성

잎 :

길이가 6~10㎝ 정도인 피침형으로 마디에 보통 2~3장씩 달리고 끝이 뾰족하다.
어릴 때에 흰 가루로 덮여 있는 것이 솜이 묻어 있는 것처럼 보여 솜대라고 부르며, 자라면 황록색이 된다.

꽃 :

원추 꽃차례를 이루며 달려 피는데 작은 이삭에 달린 2~5개의 양성화 및 단성화가 댓잎피침형인 꽃턱 잎에 싸여 있다. 씨방은 긴 달걀꼴이고 암술머리는 3개이다. 약 60년을 한 주기로 개화하며 결실한 후에는 전체가 말라 죽는다

열매 :

공 모양의 영과가 달려 익는다.

수피 및 가지 :

줄기가 검은 것을 오죽이라 하며, 환경에 따라 색이 다르고 황색 줄기에 검은 반점이 있는 것을 반죽이라고 한다.

가치 / 용도

예로부터 선비들이 좋아해 관상용으로 많이 심었다.
줄기는 단단하기 때문에 부챗살 · 발 · 바구니 등 여러 가지 세공품 재료로 쓴다.
죽순은 4~5월경에 연한 적갈색으로 나오는데 나물로 먹거나 요리를 해서 먹는다.
한방에서는 담죽, 죽력이라 하고 뿌리, 연한 새싹을 탕으로 하여 사용한다. 구토 · 소염 · 경간 · 주독 · 유산 · 익기 · 객토 · 금창 · 보약 · 파상풍 · 발한 · 진통 · 중풍 치료에 효능이 있다.

159. 쉬나무 (수유나무)

과명 : 운향 과
학명 : Euodia daniellii Hemsl.
원산지 :한국, 중국
생육지 : 낮은 산지
분포지역 : 중부(강화도, 경기도, 강원도 원주 부근)와 북부, 울릉도에도 분포.
성상 : 낙엽 활엽 교목.
수고 : 10m
화색 : 백색
개화기 : 7~8월
결실기 : 10월
열매 색 : 붉은색

외형적 특성

잎 :

잎은 대생하고, 홀수깃모양겹잎이며, 소엽은 7 ~ 11개로 타원형, 달걀형이며 점첨두이지만, 끝이 둔하고 원저, 넓은 예형 또는 아심장저이며, 길이 5 ~ 12cm로서, 뒷면에 맥의 겨드랑이에 꼬부라진 털이 있고, 가장자리에는 샘과 더불어 잔 톱니가 있다. 작은 잎자루는 거의 없으며 잎자루 길이는 3 ~ 6cm이다.

꽃 :

꽃차례는 길이 7 ~ 8cm로 잔털이 밀생하고, 꽃 길이는 4 ~ 5mm이고 꽃받침조각은 짧으며 꽃잎은 길이 3mm로, 안쪽에 털이 있고 안으로 굽는다. 헛수술은 5개이며 씨방은 꽃잎보다 약간 짧고 암술대가 5개이다.

열매 :

둥근모양의 삭과는, 5개로 갈라지며 길이 8mm로, 종자는 타원형으로 검정색을 띠며 윤채가 있고 등유로 이용한다.

수피 및 가지 :

일년생가지는 회갈색이며 잔털이 있으나 점차 없어지고 이년지 가지는 붉은 갈색으로 껍질눈이 특히 발달하였다. 동아는 2개의 눈 껍질로 쌓이며 갈색 털로 덮인다.

가치 / 용도

저 옛날 호남 지방에서는 들깨 대신 쉬나무 열매로 기름을 짜서 등불을 켰다고 한다. 최근에는 쉬나무 기름을 대체에너지용으로 이용하기 위한 연구가 진행되기도 하였다.
기름은 머릿기름으로 사용되기도 하고 해충 구제약 또는 피부병 치료제로도 효능이 있다.
무더기로 피는 꽃에는 많은 꿀이 들어 있어 세계적으로 인정받는 밀원식물이다.
공원 및 생태공원에 공원수로 많이 식재되고 있다.

160. 수국백당나무 (불두화)

과명 : 인동 과(Caprifoliaceae)
학명 : Viburnum sargentii Koehne for. sterile Hara
성상 : 낙엽 활엽 관목
수고 : 3~6m
개화기 : 5~6월
화색 : 백색
결실기 : 9월
열매 색 :붉은색

외형적 특성

잎 :

대생하고 광난형, 길이와 폭이 각각 4~12㎝, 3심열, 불규칙한 거치연, 이면은 털이 있음, 엽병은 끝에 2개의 밀선이 있다. 끝이 오리발처럼 세 갈래로 나누어진다.

꽃 :

산방화서, 화경의 길이는 2~6㎝, 모든 꽃은 무성화

열매 :

핵과, 구형.

가치 / 용도

불두화는 백당나무의 유성화를 없애버리고 무성화의 꽃잎만 자라게 한 원예품종이다. 꽃이 암술, 수술이 없는 무성화로 씨가 열리지 않아서 꺾꽂이(삽목) 등으로 번식을 한다.
둥근 형태의 꽃 모양이 부처님 머리모양을 닮았다 하여 불두화라 하였다.
정원수로 쓰이며 열매를 맺지 않는 상징적 의미 때문인지 사찰에 많이 심겨져 있다.
꽃이 공처럼 아름다워 꽃꽂이용 소재로도 종종 이용된다.

161. 수수꽃다리

과명 : 물푸레나무 과
학명 : Syringa dilatata Nak.
생육지역 : 북한지방의 석회암 지대에 자생.
원산지 : 유럽
성상 : 낙엽활엽관목
수형 : 타원형
개화기 : 4~5월
화색 : 자색
수고 : 2-7m
단풍 색 : 적색
결실기 : 9월

외형적 특성

잎 :

대생하며 길이 4~10㎝, 넓이 2.5~6㎝이며 난형 또는 넓은 난형이며 첨두이고 기부는 절저 또는 아심장저이다. 가장자리에 거치가 없으며 잎 뒷면은 담록 색을 띤다. 수수꽃다리 보다 잎이 작다.(라일락은 10㎜내외, 수수꽃다리의 잎 길이는 5~12㎝내외임.)

꽃 :

라일락보다 소형이다.

열매 :

삭과로서 길이 1.5㎝내외이며 과피에 피목이 없으며 평활하다. 라일락과 비슷하지만 화관통부의 길이가 짧다.(라일락 10㎜내외, 수수꽃다리의 길이는 12~20㎜정도임)

수피 및 가지 :

노령목이 되면 줄기가 꼬여 자라고 수피는 세로로 길게 찢어진다.

가치 / 용도

화색이 짙은 원추화서가 아름답고 향기가 있어 정원에 심으면 돋보이고 봄의 향취를 돋운다. 수형도 아름다우나 잎이 너무 무성해지므로 다듬기 정도의 전정을 고려해야 한다. 정원이나 공원에 적당하며, 공해 병충해에 강하므로 특히 도시공원에 식재하면 좋다.
이질에 효과가 있다.

162. 스트로브잣나무

스트로브잣나무 ▼

과명 : 소나무 과
학명 : Pinus strobus L.
생육지역 : 우리나라 전 지역에 생육 가능
원산지 : 북아메리카 동부와 동북부
성상 : 상록침엽교목
수형 : 원추형
개화기 : 5월
화색 : 황갈색
수고 : 30m
결실기 : 8~9월
열매 색 : 녹갈색

외형적 특성

잎 :

상록성의 선형으로 5개씩 속생하고, 길이 6~14㎝로 잔 톱니가 있으며 회녹색으로 머리카락처럼 부드럽다. 잎 횡단면의 송진 구멍은 외위이다.

꽃 :

자웅일가화로 암꽃은 타원형이고, 수꽃은 난형이다.

열매 :

구과는 긴 원통형으로 길이 8~20㎝, 지름이 2.5㎝이며 밑으로 처지고 흔히 구부러진다. 종자는 타원형 또는 난형으로 자갈색이고 날개가 있으며 길이 5~7㎜, 폭 4㎜내외로 1개 구과에 100~200개의 종자가 들어 있다.

수피 및 가지 :

수피는 밋밋하지만 늙으면 밑이 갈라지고, 소지는 녹갈색이다.

가치 / 용도

독립수로 이용되며 생장속도가 빨라 공원이나 대단위 유원지 등에 조경용으로 적합하다.
생 울타리용, 차폐용 및 방화용으로도 이용된다. 공해물질에 약하여 도시나 공장조경에 이용할 때에는 주의를 요한다. 초년기에는 수형이 원추형이나 중 · 장 · 노년기로 갈수록 자연형으로 변한다.
목재는 흰빛을 띠는데 재목이 아름답고 재질이 좋아서 건축 자재, 가구, 조각 작품, 종이를 만드는 데 쓴다.

163. 시무나무

과명 : 느릅나무 과
학명 : *Hemiptelea davidii*
생육지 : 전국 각지 산기슭 양지, 하천 유역
성상 : 낙엽 활엽 교목
수고 : 20m
화색 : 연한 황색
개화기 : 5월
결실기 : 10월

외형적 특성

잎 :

호생하며 길이 3~6cm, 나비 1~1.5cm의 긴 타원형 또는 타원형으로서 끝이 뾰족하거나 둔하고 밑은 둥근 모양이며 가장자리에 규칙적인 톱니가 있다. 양면에 털이 없거나 뒷면 맥 위에 털이 있으며 측맥은 8~15쌍이다. 잎자루는 길이 1~3mm이고 잔털이 있다. 턱잎은 긴 타원형이고 일찍 떨어진다.

꽃 :

잎이 나오고 나서 꽃이 잎겨드랑이에 1~4개씩 달려 핀다. 암수한그루이거나 잡성화 이다. 꽃자루는 길이 1~1.5mm이고 털이 없다. 길이 1~2mm인 꽃 덮이는 4개로 갈라진다. 4개의 수술과 1개의 씨방이 있고 암술대는 2개이다.

열매 :

편평한 반월형의 시과가 찌그러진 달걀 모양을 하고 달려 익는데 길이는 5~6mm이며 한쪽에만 날개가 있고 끝이 2개로 갈라진다.

수피 및 가지 :

줄기는 곧게 서서 자라며 가지에 큰 침지가 있고 어린가지에 길이 1.5~10cm의 긴 자갈색 가시와 함께 잔털이 있다. 겹질은 잿빛을 띤 갈색이며 나이가 들면 불규칙하게 세로로 갈라진다.

가치 / 용도

생 울타리로 많이 심는다.
목재는 재질이 굳고 치밀하여 기구재 · 선박재 · 토목재 등으로 이용되는데 박달나무를 으뜸으로 삼고 다음을 시무나무로 삼았다.
이른 봄에 새로 나오는 어린 잎을 따서 밀가루 · 쌀가루 · 콩가루 등을 묻혀 떡을 만들어 먹었으며 느릅나무 잎과 함께 흉년을 넘기는 구황 식량 구실을 하였다.
잎은 가축의 사료로 이용된다.
약으로 쓸 때는 탕으로 하여 사용한다. 외상에는 짓이겨 붙이며 소종, 수종, 습진, 옹종, 이수, 창종 등에 효능이 있다.

164. 식나무 (청목 · 넓적나무)

식나무(청목 · 넓적나무) ▼

과명 : 층층나뭇 과
학명 : Aucuba japonica
생육지 : 경기도 이남의 해변과 홍도, 흑산도,
외연도 등 섬지방의 나무 밑에서 자란다.
성상 : 상록 활엽 관목
수고 : 3m 정도
화색 : 자줏빛을 띠는 갈색
개화기 : 3~4월
결실기 : 10월
열매 색 : 붉은색

외형적 특성

잎 :

대생하며 길이 5~20cm, 나비 2~10cm의 긴 타원형 또는 댓잎피침형으로서 밑이 뭉뚝하고 끝이 날카롭다. 두꺼운 가죽질로서 윤기가 있으며 양면에 털이 없고 가장자리에 이빨 모양의 굵은 톱니가 있다. 잎자루의 길이는 2~5cm이다.

꽃 :

원추 꽃차례를 이루며 줄기 끝과 가지 끝에 달려 핀다. 암수딴그루이다. 수꽃의 꽃차례는 크고 암꽃의 꽃차례는 작으며 꽃의 지름은 약 8mm이다. 4개인 꽃잎은 길이 약 2mm의 달걀꼴이다. 수술은 4개이고 암술은 1개이다. 타원형인 씨방에는 털이 나 있다.

열매 :

길이 1.5~2cm인 타원형의 핵과가 겨우내 나무에 달려 있다.

수피 및 가지 :

작은 가지는 굵고 녹색인데 윤기가 나며 털이 없다.

가치 / 용도

관상가치가 높아서 난대지역의 생 울타리나 정원수로 적당하다. 중부 지방에서는 분에 심어서 관엽 식물로 가꾼다.
목재는 기구재로 쓰고 잎은 사료를 만드는 데 쓴다.
독버섯 해독제인 오쿠빈을 발견,분리하는 데 성공하였다.
약으로 쓸 때는 탕으로 하거나 환제 또는 산제로 하여 사용한다. 외상에는 짓이겨 붙이며 화상, 동상, 통기, 건위 등에 효능이 있다.

한국나무도감

ㅇ :

아왜나무/안개나무/연산홍/염주나무/오가피나무/오동나무/오미자나무/옥매/예덕나무/오구나무/옻나무/왕벚나무/월계수/유도화/육송/은단풍나무/은목서나무/은행나무/이팝나무/음나무

165. 아왜나무

과명 : 인동 과
학명 : Viurnum awabuki K. Koch
생육지역 : 남부, 남해안, 제주도
원산지 : 한국, 일본
성상 : 상록활엽교목
수형 : 난형
개화기 : 6월
화색 : 백색
수고 : 10m
결실기 : 9월
열매 색 : 적색→흑색

외형적 특성

잎 :

대생으로 타원형, 도피침형 또는 넓은 도피침형이며 둔두 또는 예두, 예저이다.
잎의 표면은 녹색이며 광택이 나고 털이 없으며 뒷면은 연한 녹색이고 맥액에 털이 있으며 가장자리에는 거치가 없거나 파상의 거치가 있다.
길이는 6~20㎝ 폭은 4~8㎝ 정도이다.

꽃 :

단지 끝의 산방화서에 달리며 지름 4~5㎜로 개화한다. 화병과 꽃받침에는 회백색의 연모가 밀생하며 꽃잎은 5개이다.

열매 :

계란모양의 타원형이며 길이 1㎝ 정도이다.

수피 및 가지 :

지상부에서 많은 줄기가 올라와 포기를 형성한다.

가치 / 용도

방화효과가 커 공장지역에 적합하며 생 울타리용으로 많이 쓰인다. 내한성이 약하여 온대남부지방 이하의 지역에서 생육이 가능하나 조해에 특히 강하여 해변 조 경이나 방풍용으로 사용하면 좋다.
몸 속에 독을 빼내어 주고, 상처로 인하여 손상된 피부에 새살을 돋게 한다.
열을 식히고 몸 속의 습을 제거 한다. 막힌 혈을 뚫어 경락의 소통을 시킨다.

166. 안개나무

과명 : 옻나무 과
학명 : Cotinus coggygria Scop.
생육지역 : 전국 어디서나 생육가능.
원산지 : 중국, 히말라야, 남부 유럽
성상 : 낙엽활엽교목
수형 : 원형
개화기 : 5~7월
수고 : 3~5m
단풍 색 : 적갈색

외형적 특성

잎 :

호생으로 기수우상복엽이며 거치가 없고 난형 또는 도란형이다. 소엽의 길이는 1.5~8.0㎝정도로 원저이며 엽선은 약간 요두이다. 잎에는 털이 있으며 엽맥은 평행맥이 잘 발달해 있다. 잎의 색은 청록색을 띠고, 엽병의 길이는 1~2㎝정도이며 가을에 노랗게 단풍이 든다.

꽃 :

작은꽃이 원추화서로 달린다. 개화 후 화경이 점차 자라면서 흰털이 생겨나 안개가 낀 것처럼 보여서 안개나무라고 부른다.

열매 :

매우 작고 넓으며 신장형으로 핵과이다.

수피 및 가지 :

줄기는 곧게 자라지만 옆으로 가지가 많이 퍼지는 편이나 가지가 잘 발달해 있고 자갈색을 띤다. 한편 수많은 피목이 산생되어 있으며 털이 많이 나있고 속은 수(pith)가 발달되어 있다. 엽흔의 주위는 짙은 자색을 띤다.

가치 / 용도

경계 식재나 차폐 식재용으로 사용되나 완벽한 차폐효과를 거두기는 어렵다.
단식보다는 군식이 적합하다. 일명 연기나무라고도 한다.

167. 연산홍 (영산홍)

연산홍(영산홍) ▼

과명 : 진달래 과
학명 : Rhododendron obtusum Planch.
생육지역 : 남부 지역에 생육가능.
원산지 : 일본
성상 : 상록활엽관목
수형 : 원형
개화기 : 5~6월
화색 : 적색
수고 : 2~3m
단풍 색 : 적갈색
결실기 : 9~10월

외형적 특성

잎 :

호생하나 소지의 끝에서는 총생하며 길이 1~3㎝로 소형이고 좁은 도란형이며 잎 끝이 둔하고 거치가 없으며 털이 있다.

꽃 :

화관은 깔대기형 종모양이며 끝이 5개로 갈라지고 정면의 윗부분에 짙은 홍색의 반점이 있다. 수술은 5개이고 화경에 털이 있다

열매 :

삭과로 거친 털이 있다.

가치 / 용도

일본에서 육종한 사스끼 철쭉, 기리시마철쭉 등을 포함하여 우리나라에서는 영산홍이라 부르는데 아직 제대로 개념이 정립되지 않은 상태이다. 봄의 꽃은 곱고 다양하여 아름다움을 주며, 잎은 두껍고 가늘며 털이 잔잔하고 광택이 있다. 내한성이 다소 강해 충남 이북에서 월동이 가능하며 잎은 상록성인 것도 있다. 정원, 공원에 적당하며 군식으로 아름다움을 배가시킬 수 있다.
줄기와 잎에는 플라보노이드, 탄닌, 정유 등의 성분이 들어 있다.
영산홍 꽃에는 노도톡키신이라는 성분이 있어, 가래를 없애주고 기침을 가라앉히며
피부의 발진, 두드러기, 소변이 잘 안 나오는 증상, 음식물을 토하려는 증상과 탈모증, 고혈압에도 쓰인다.

168. 염주나무 (모감주나무)

과명 : 무환자나무 과 열매 색 : 갈색
학명 : Koelreutena paniculata Laxm.
생육지역 : 충남 안면도를 중심으로 서해안에 많이 자생
원산지 : 한국, 중국
성상 : 낙엽활엽관목
수형 : 원형, 난형
개화기 : 6월
화색 : 홍색
수고 : 15m
단풍 색 : 황색, 적색
결실기 : 9월

외형적 특성

잎 :

호생으로 기수 1회 우상복엽으로 길이는 25~35cm 정도이다. 소엽은 7~15개이며 난형 또는 난상 장타원형이며 길이 3~10cm 폭 3~5cm 정도로 양면에 털이 없거나 뒷면의 엽맥을 따라 털이 있으며, 불규칙하고 둔한 거치가 있다.

꽃 :

가지 끝에 원추화서로 달리며 길이는 25~35cm로서 개화기간이 길다

열매 :

삭과로서 꽈리와 같으며 길이는 4~5cm 정도로 3개로 갈라지며 3개의 종자가 들어있다. 종자는 검으며 윤택이 난다.

수피 및 가지 :

가지에 엽흔과 피목이 발달해 있다.

가치 / 용도

세계적인 희귀종으로 대부분 천연기념물로 지정, 보호하고 있으며 꽃이 아름답고 단풍도 화려해서 화목 류의 가로수가 없는 도심지 가로변이나 공원 녹지대 등의 조경수로 적합하다.
꽃이 진후 바로 황금색의 돈주머니 같은 꽈리 열매가 달려 외국에서는 황실나무라 하여 높이 평가한다.
단단한 종자는 염주를 만들어 스님들이 사용하고 있다.
꽃으로는 청간, 이수, 소종 등 효능이 있으므로 한방에서 간염, 요도염, 소화불량, 장염, 이질, 안적적통 등의 치료제로 쓰인다.

169. 오가피나무 (오갈피)

과명 : 두릅나무 과
학명 : Acanthopanax sessiliflorus Seem.
생육지역 : 전국의 산야
원산지 : 한국
성상 : 낙엽활엽관목
수형 : 원주형
개화기 : 8~9월
화색 : 자주색
수고 : 3~4m
결실기 : 10월
열매 색 : 흑색

외형적 특성

잎 :

호생하고 장상복엽이며 소엽은 3~5(보통 3개)개로 도란상 타원형, 점첨두, 예저이고 길이 6~15㎜이며 가장자리에 잔 복거치가 있다. 표면은 진한녹색으로 털이 없으며 뒷면은 담녹색으로 맥 위에 잔털이 있다. 엽병은 길이 3~6㎝이다.

꽃 :

산형화서가 새가지 끝에 달리고 화서 전체가 취산상으로 배열되며 소화경이 짧다.

열매 :

장과는 타원형이며 약간 편평하고 길이 1.0~1.4㎝, 직경 3~4㎜이다.

수피 및 가지 :

밑에서 많은 줄기가 올라와 우산모양의 수형을 이룬다. 소지에 가시가 거의 없다.

가치 / 용도

잎이 다섯 개로 손가락 모양과 같이 갈라졌기 때문에 오갈피나무라 부른다.
가을의 검은색 열매는 관상가치가 높아 정원에 1~2그루 심어 볼만 하다. 공원수, 정원수, 생 울타리용으로 적당하다.
꽃에는 꿀이 많아 밀원식물로 좋으며 겨울철에도 떨어지지 않는 열매는 야조 류의 먹이로 이용 된다.
동의보감이나 본초강목에 의하면 오가피 뿌리, 줄기 및 가지의 껍질 등을 장기 복용하면 몸을 가볍게 한다 하여 오래 전부터 사용해왔으며, 뿌리와 줄기에는 인삼과 비슷한 효과가 있어 '제2의 인삼'으로 불린다.
여러 오가피나무 중에서 가장 유효성분이 많은 것으로 밝혀진 것이 '가시오가피'이다. 풍습을 없애고 기를 돋우며 뼈와 힘줄을 강하게 하며 허약성 부종이나 각종 마비증상의 치료와 생식기능 쇠약에 따른 각종 증상을 치료한다. 다리를 쓰지 못할 때, 팔 다리가 오그라든 때 쓰면 효과가 좋다.

170. 오동나무

과명 : 현삼 과
학명 : Paulownia coreana Uyeki
원산지 : 한국
성상 : 낙엽활엽교목
수형 : 원정형
개화기 : 5~6월
화색 : 자주색
수고 : 15~20m
결실기 : 10~11월

외형적 특성

잎 :

대생하며 길이 15~30㎝, 너비 12~29㎝로서 원형에 가까우며 흔히 5각형으로 되고 첨두이며 기부는 심장저이고 가장자리에 거치가 없으나 맹아지의 잎에는 거치가 있는 경우도 있다. 잎 표면에 거의 털이 없고 뒷면에는 갈색 털이 있다.

꽃 :

가지 끝에 모여 원추화서에 달리고 꽃받침은 5개로 갈라지며 화관은 길이 6㎝로서 내,외부에 털이 밀생한다. 수술은 4개이며 2개는 길고 2개는 짧다. 참오동나무와는 달리 세로로 된 자주색 줄이 없다.

열매 :

삭과로 난형이며 길이 3㎝정도이다.

수피 및 가지 :

수피는 미끈하고, 성목시 세로로 갈라진다.

가치 / 용도

참오동나무와 비슷하지만 잎 뒷면에 갈색 털이 있고 화관에 자주 빛이 도는 점선이 없는 것이 다르다. 정원에 심어 녹음과 풍치수로 적당하다.
목재의 재질이 가볍고 무늬가 좋으며 내습성과 내부성이 높아 고급가구재 및 포장가치가 높다.
수피와 근피에는 타박상과 종기, 단독, 습진, 피부염, 치질, 삔 상처를 치료해주고 그밖에 담석증, 위궤양, 위염, 소장염, 대장염의 치료에도 도움을 준다.

171. 오미자나무

과명 : 목련과
학명 : Schisandra chinensis
생육지 : 전국 각지 산기슭의 돌 많은 비탈
성상 : 낙엽 활엽 덩굴나무
수고 : 6~8m
화색 : 약간 붉은빛이 도는 황백색
개화기 : 6~7월
결실기 : 8~9월
열매 색 : 붉은색

외형적 특성

잎 :

호생하며 길이 7~10cm, 나비 3~5cm의 타원형, 긴 타원형 또는 달걀꼴로서 막질이며 가장자리에 이빨 모양의 톱니가 있고 끝이 뾰족하다. 뒷면의 맥 위에 털이 있다. 잎자루는 대개 붉은빛이 돈다.

꽃 :

꽃이 긴 꽃자루에 달려 피는데 향기가 좋다. 암수딴그루의 단성화이다. 꽃 덮이는 6~9개로 갈라진다. 수꽃에는 5개의 수술이, 암꽃에는 여러 개의 암술이 있다. 꽃이 핀 다음에 암꽃의 꽃 턱은 길이 3~5cm로 자라며 열매가 이삭 모양으로 달린다.

열매 :

길이 6~12mm의 동그란 장과가 잎 겨드랑이에 달려 마치 빨간 포도송이 같다. 열매 속에 1~2개의 씨가 들어 있다.

가치 / 용도

열매의 맛이 5가지로 난다고 하여 오미자라 한다.
한방과 민간에서는 해소제 · 자양제 · 강장제 · 수렴제 등으로 사용하는데 주요성분은 유기산 · 염류 · 타닌 등이다.
열매를 달여서 마시는 차(茶)처럼 마시면 기침과 천식에 효능이 있다.
가지의 껍질을 물에 담가서 그 물을 머리에 바르기도 한다.
가을에 포도송이처럼 달린 붉게 열매가 보기 좋아 집 안에 관상용으로도 좋다.

172. 옥매

과명 : 장미 과
학명 : Prunus glandulosa
생육지 : 전국 각지 산지
성상 : 낙엽 활엽 관목
수고 : 1m
화색 : 흰색
개화기 : 4~5월
결실기 : 6~7월

외형적 특성

잎 :

어긋나며 길이 3~9cm의 댓잎 피침형, 넓은 댓잎 피침형 또는 긴 타원형으로서 가장자리에 물결 모양의 작은 톱니가 있고 끝이 뾰족하다. 뒷면 맥 위에 잔털이 있거나 없으며 잎자루는 짧다.

꽃 :

잎보다 먼저 피거나 잎과 함께 피는데 줄기를 감싸듯이 다닥다닥 붙어 있다. 꽃잎이 여러 겹인 만첩 꽃이며 가지마다 겹꽃이 촘촘하게 달려 나무 전체가 꽃으로 뒤덮인 것처럼 보인다. 암꽃과 수꽃이 따로 있다. 꽃받침 통은 거꿀 달걀꼴이고 꽃받침 잎은 뒤로 젖혀지며 선 모양의 잔 톱니가 있다. 암술대와 씨방에 털이 없으나 간혹 잔털이 난 것도 있다.

열매 :

지름 1~1.2cm의 핵과가 달려 붉게 익는데 거의 둥글며 털이 없다.

수피 및 가지 :

작은 가지는 적갈색이고 윤기가 있으며 털이 없다.

가치 / 용도

이름은 마치 옥구슬을 꿰어 놓은 듯해서 유래 하였다.
꽃이 아름다워 정원수로 많이 이용되고 뱀의 접근을 막는다 하여 담장 안에 많이 심는다.
열매는 먹을 수 있다.
각기, 각연, 변비, 복수, 부종, 사지동통, 완하, 윤장, 해열에 효능이 있으며
약으로 쓸 때는 탕으로 하거나 환제 또는 산제로 하여 사용하며, 술을 담가서도 쓴다.

173. 예덕나무 (야오동 · 비닥나무 · 예닥나무)

예덕나무 (야오동 · 비닥나무 · 예닥나무) ▼

과명 : 대극 과
학명 : *Mallotus japonicus*
원산지 : 한국
생육지 : 제주도, 남부 해안 지방 산지나 바닷가
성상 : 낙엽 활엽 소교목
수고 : 10m
화색 : 황록색
개화기 : 6~7월
결실기 : 10월
열매 색 : 갈색

외형적 특성

잎 :

호생하며 길이 10~20cm, 나비 6~15cm의 달갈꼴 또는 넓은 달걀꼴로서 끝이 길게 뾰족하고 가장자리는 밋밋하거나 얕게 3~4갈래로 갈라진다. 잎자루는 흔히 붉은색을 띠며 길이 5~20cm로 매우 길다. 앞면에는 대개 붉은빛의 샘 털이 있고 뒷면에는 황갈색의 샘 점이 있다. 새로 나온 잎은 계절에 관계없이 붉은 빛을 띠는 특징이 있다.

꽃 :

가지 끝에서 원추 꽃차례를 이루며 달려 핀다. 암수딴그루이고 단성화이다. 수꽃은 여러 송이가 모여 달리는데 50~80개의 수술과 함께 3~4개로 갈라진 연노란 색의 꽃받침이 있다. 암꽃은 각 꽃 턱 잎에 한 송이씩 달리지만 수가 적으며 꽃받침은 3~5개로 갈라지고 3~4개의 암술대가 있다. 씨방은 3실이다.

열매 :

지름 약 8mm이고 세모진 공 모양의 삭과를 맺는데 황갈색의 샘점과 별 모양의 털이 있다.
다 익으면 3개로 갈라진 다음 다시 2개로 갈라지는데 그 속에 짙은 갈색의 씨가 3개 들어 있다.

수피 및 가지 :

껍질은 회갈색이고 세로로 얕게 갈라진다. 어린 가지는 비늘 털로 덮여 붉은빛이 돌다가 차츰 회백색으로 변한다.

가치 / 용도

열매는 물감으로 쓰이고 재목은 상자 · 기구재 등으로 쓰인다.
껍질에는 타닌과 베르게닌이라는 성분이 들어있는데, 야동피라 하여 탕으로 하거나 산제로 하여 사용하며, 술을 담가서도 쓴다. 위염과 위궤양 등을 치료하는데 효능이 있어 천연위장약이라고 한다.

174. 오구나무 (조구나무)

과명 : 대극 과
학명 : Triadica sebifera (L.) Small
원산지 : 중국남부 (1930년 국내도입)
생육지 : 전라남도. 숲속, 계곡
분포지 : 일본, 중국
성상 : 낙엽활엽교목
수고 : 10m
개화기 : 6~7월
결실기: 8~10월
열매 색 : 검은색

외형적 특성

잎 :

호생하며, 난형으로 길이 3-8cm, 끝은 길게 뾰족해지고 가장자리는 매끈하며, 두껍다.

꽃 :

가지 끝에 총상꽃차례를 이루며, 꽃차례 윗부분은 10-15개의 수꽃, 아랫부분은 2-3개의 암꽃이 달린다.
수술은 2-3개, 암술대는 3개이다.
손가락 길이보다 좀 긴 꼬리모양의 꽃차례가 하늘을 향하여 꼿꼿이 선 채로 일제히 올라온다.

열매 :

삭과로 둥근 타원형이며, 길이 1cm로서 3개의 종자가 들어 있다. 종자 겉이 밀랍으로 싸여 있으며 이것으로 초를 만들기도 한다. 수액, 잎, 열매는 독이 있다.

가치 / 용도

단풍이 아름다워 가로수나 공원수로 적합하다.
뿌리 껍질과 줄기 껍질은 오구목근피라 하여 이수, 소적, 살충, 해독 등의 효능이 있다.
기생충을 구제하고 소변이 잘 나오게 하며 변을 통하게 하는 효능이 있다. 개선, 습진, 피부균열, 수종, 변비를 치료한다.
목재는 기구재나 펄프재로 쓰인다.
잎은 염료용으로 이용 된다.

175. 옻나무

과명 : 옻나무 과
학명 : Rhus verniciflua Stokes
생육지역 : 바람이 막혀 있는 동남향의 산록 등이 적지
원산지 : 중국
성상 : 낙엽활엽교목
개화기 : 5월
화색 : 황록색
수고 : 12m
단풍 색 : 적색
결실기 : 10월
열매 색 : 황색

외형적 특성

잎 :

가지 끝에 모여 달리며 호생하고 대형의 기수1회우상복엽으로 엽병과 더불어 길이 25~40㎝에 이른다. 소엽은 7~13매이며 난형 또는 난상 타원형으로 길이 7~20㎝, 넓이 3~6㎝로 표면에 흔히 털이 있고 뒷면 맥상에 퍼진 털이 있으며 가장자리가 밋밋하다. 가을에 붉은 단풍이 든다.

꽃 :

자웅이주 또는 잡성화로 원추화서는 액생하고 밑으로 처지며 길이 15~30㎝이다.

열매 :

열매는 지름 6~8㎜의 편구 형 핵과로 털이 없다.

수피 및 가지 :

줄기는 곧게 올라가 층층이 가지를 수평으로 뻗어서 수형을 이루며, 수피는 암회색이고 어린 가지에는 갈색의 털이 있다.

가치 / 용도

옻은 심한 알레르기가 일으킨다. 옻이 들어간 음식이나 옻을 먹으면 얼굴이 부어 오르고 온몸에 붉은 반점이 생기고 가렵다고 한다. 그러니 당연히 사람이 많은 곳에 식재할 수 없다.
옻나무를 자르면 찐득찐득한 흰 진이 나오는데, 주성분이 우루시올이다. 1997년 항암물질을 추출했는데 자궁에 종양이나 위암에 효과적이다.
뭉친 피를 풀어내주고 어혈로 인한 각종 증세, 월경에 관하여 사용하고 살균효과도 있다.
성질이 따뜻해서 혈액을 잘 돌게 하고 기운을 북돋워 준다. 심하게 체 했을 때 복용한다.

176. 왕벚나무 (왕벚나무)

과명 : 장미과
학명 : Prunus yedoensis Matsum
생육지역 : 제주도 한라산 산록이 원산지.
원산지 : 한국
성상 : 낙엽활엽교목
수형 : 원정 형
개화기 : 4월
화색 : 담홍색
수고 : 15m
단풍 색 : 적갈색
결실기 : 6~7월
열매 색 : 흑색

외형적 특성

잎 :

호생하고 길이 6~12㎝의 난형 또는 도란형, 점첨두, 원저로서 표면에 털이 없고 뒷면 맥위와 엽병에 털이 있으며 밀선이 엽저 양쪽에 한쌍이 있고 가장자리에 예리한 복거치가 있다.

꽃 :

꽃은 짧은 산방화서에 3~6개가 달리며 화주에 털이 있는 것이 특징이다.

열매 :

열매는 둥글며 지름 7~8㎜이다.

수피 및 가지 :

수피는 평활하며 회갈색 또는 암회색이고, 어린 가지에는 털이 있다.

가치 / 용도

이른 봄 화려하고 우아한 꽃을 피운다. 나무 전체를 뒤덮어 꽃 덩어리를 이룬다. 매우 다방면에 이용되며 특히 독립수, 군식용, 녹음수 및 가로수에 적합하다.

177. 월계수 (감람수)

과명 : 녹나무 과
학명 : Laurus nobilis L.
생육지 : 경남, 전남 남부지방. 공원, 정원 등(식재)
원산지 : 유럽(지중해 연안)
성상 : 상록 활엽 교목.
수고 : 10m
화색 : 노란색
개화기 : 3~4월
결실기 : 7~9월
열매 색 : 흑자색

외형적 특성

잎 :

어긋나며, 긴 타원형으로 길이 6-12cm, 털이 없고 가장자리는 둔한 톱니가 있으며, 비비면 향이 난다.

꽃 :

잎 겨드랑이에서 산형꽃차례를 이루며 화피는 4장이며, 도란형이다. 수술은 12개, 암술머리는 둥글다.

열매 :

장과로 타원형이다.

수피 및 가지 :

껍질은 흑갈색이고 원뿔모양의 수형을 이룬다. 가지와 잎이 무성하며 일년생가지가 녹색이다. 가지를 자르면 향기가 난다. 뿌리 부근에 맹아가 많이 나와 모여나기 한다.

가치 / 용도

관상용으로 이용 한다.
열매와 잎에서 향료를 취하기도 한다.
잎이 달린 가지를 틀어서 화환을 만들어 운동경기에서 이긴 사람에게 씌워준다.
목재는 공예품으로 쓰인다.
천연 방충제 역할을 하여 벌레를 없애는 데 좋고, 부엌에 두면 냄새 제거에도 효과적이다.
과실은 월계자, 엽은 월계엽이라 하며 약용한다.

178. 유도화 (협죽도)

과명 : 협죽도 과
학명 : Nerium indicum
생육지 : 햇볕이 잘 쬐고 습기가 많은 사질토. 제주도, 남부 지방
원산지 : 동남아시아, 서남아시아, 북아프리카
성상 : 상록 활엽 관목
수고 : 2m 이상
수형 : 부채꼴
화색 : 분홍색, 흰색
개화기 : 7~8월

외형적 특성

잎 :

3개씩 돌려나는데 길이 7~15cm, 나비 8~20mm인 선 모양의 댓잎 피침형으로서 가장자리가 밋밋하다. 잎몸은 두꺼운 가죽 질이고 표면은 짙은 녹색이며 양면에 털이 없다.

꽃 :

여름에 피어 가을까지 개화가 계속되는데 새 가지 끝에서 취산 꽃차례로 달려 핀다. 꽃받침은 5개로 갈라진다. 꽃부리는 지름 3~4cm이며 밑이 긴 통으로 되고 위쪽은 5개로 갈라져 수평으로 퍼진다. 갈라진 조각은 꼬이면서 한쪽이 겹쳐진다. 꽃 부리의 통 부분과 갈라진 조각 사이에 실 같은 부속물이 있다. 5개인 수술은 꽃 부리 통에 붙어 있으며 꽃밥 끝에는 털이 있는 실 같은 부속물이 있다.

열매 :

가을에 길이 10cm 정도 되는 골돌과가 달려 갈색으로 익으면서 세로로 갈라진다. 씨의 양 끝에 길이 1cm 정도의 연한 갈색 털이 빽빽이 나 있다.

수피 및 가지 :

밑에서 가지가 모여 나와 포기를 이룬다. 나무껍질은 흑갈색이고 밋밋하다. 가지는 적갈색이고 털이 있다.

가치 / 용도

이름은 잎이 버드나무 모양이고 꽃은 복숭아꽃과 흡사하기 때문이다. 강력한 독성 때문에 독나무라고 불리기도 한다. 장미를 많이 닮아 꽃이 화려하고 키가 적당하여 울타리 · 정원수로 적합하다.
껍질과 뿌리는 약용으로 사용한다. 생약으로는 잎을 쓰며 협죽도엽이라고 한다. 강심제와 이뇨제로 쓴다.

179. 육송 (적송, 솔나무)

육송(적송, 솔나무) ▼

과명 : 소나무 과
학명 : Pinus densiflora S.et Z.
생육지역 : 한국 전역, 따뜻한 지방과 대도시에서의 식재는 좋은 수형을 얻기가 힘들다.
원산지 : 한국, 만주, 일본, 동아시아의 특산
성상 : 상록침엽교목
수형 : 원추형
개화기 : 4~5월
화색 : 황색
수고 : 20~30m
결실기 : 다음해 9월
열매 색 : 흑갈색

외형적 특성

잎 :

상록성의 침엽으로 2개씩 속생하고 다소 비틀어졌으며, 길이는 8~9㎝, 나비는 1.5㎜이고, 밑 부분은 담갈색의 신초로 둘러싸여 2년간 가지에 달려 있다.

꽃 :

자웅이가화이나 자웅일가화인 것도 있으며, 수꽃은 길이 1㎝내외로 새가지 밑 부분에 달리며 장타원형으로 황색이고, 암꽃은 난형으로 2~3개가 새가지 끝에 윤생하며 꽃가루는 식용으로 사용한다.

열매 :

솔방울은 길이 4.5㎝, 지름 3.0㎝의 구과로서 난상 원추형이며 종자는 날개가 붙어 있고 타원형으로 각 실편에 2개씩 들어 있으며 흑갈색이다.

수피 및 가지 :

수피는 보통 붉은색이나 오래된 수피는 흑갈색이고, 동아는 적갈색이며(해송은 동아가 흰색), 심재도 적갈색이다. 성목이 되면 가지는 자연적으로 낙지(落枝)가 잘 된다.

가치 / 용도

수형이 그림 같은 자연미를 지녀 독립수로 많이 이용한다. 군식하여 자연풍치적인 효과를 기대 할 수 있다. 솔잎은 성미는 따뜻하고 독이 없다. 풍습을 없애고 몸 안의 벌레를 죽이며, 가려움을 멎게 하고 머리털을 나게 한다. 내장을 고르게 하고 배고프지 않게 하며 오래 살게 한다.
솔 마디는 소나무 가지나 줄기에 송진이 침착된 것으로 어린 가지를 잘라 쪼개서 물에 담갔다가 쓰는데 성질은 따뜻하고 폐와 위를 튼튼하게 한다. 뼈마디가 아플 때, 각기병 타박상, 관절염 등에 달이거나 술을 담가 먹는다. 변비와 풍으로 인한 마비를 낫게 한다. 골절풍과 어지럼증을 고치며 죽은 살을 없앤다. 송화가루는 봄에 수꽃 이삭을 따서 꽃가루를 털어 체로 쳐서 쓴다. 황토에서 생장하는 소나무의 동쪽으로 뻗은 뿌리는 솔잎에 맺히는 밤이슬의 감로정으로 인해 만병의 영약이 된다고 전해진다.

180. 은단풍나무

과명 : 단풍나무 과
학명 : *Acer saccharinum* L.
생육지역 : 1900년 초 우리나라에 도입되어 전국에 식재.
원산지 : 북미
성상 : 낙엽활엽교목
수형 : 난형, 원형
개화기 : 4~5월
화색 : 황록색, 적색
수고 : 40m
단풍 색 : 적색
결실기 : 5~6월

외형적 특성

잎 :

대생하고 장상 원형이며, 잎의 표면은 짙은 녹색이고 뒷면은 은백색으로 넓이 8~14㎝이며 5~7개로 깊이 갈라진다. 각 열편은 다시 3개로 얕게 갈라지며 가장자리에 복거치가 있다. 어릴 때는 털이 있으나 성장함에 따라 없어진다.

꽃 :

꽃은 잡성으로 잎보다 먼저 개화하며 꽃잎은 없으나 수술은 적갈색이다.

열매 :

열매는 시과로서 과경은 3~5㎝로 밑으로 처지고 날개는 길이 3~6㎝의 도란형이며 거의 직각으로 벌어진다.

수피 및 가지 :

줄기는 하나로 곧게 올라가 큰 수관을 이루며, 가지는 광택이 나며 적갈색이고 피목이 발달해 있다. 1년생 가지의 색은 회색 또는 회갈색이며, 수피는 회갈색이다.

가치 / 용도

잎 뒷면에 은백색 털이 있어 은단풍이라 한다. 수형이 아름답고 울창한 숲을 조성 할 수 있으며 농산촌의 가로수로서 바람직한 수종이다. 단풍은 붉은색, 노란색, 갈색 등 여러 가지 색깔로 든다. 아파트, 학교주변 등 대단위 건물의 차폐 식재에 유용하게 쓰이며 녹음수로도 이용된다.
토심이 깊고 비옥한 곳에서 좋은 생장을 보이는데 특히 매립지의 도로변에 식재하는 것이 적당하다.

181. 은목서나무

과명 : 물푸레나무 과
학명 : Osmanthus asiaticus Nak.
생육지역 : 남부지역
원산지 : 중국
성상 : 상록활엽교목
개화기 : 10월
화색 : 백색
수고 : 3~6m

외형적 특성

잎 :

대생하며 긴 타원형으로 길이7~10cm, 너비3~5cm이며 예첨두이고 예저이며 가늘고 예리한 거치가 있지만 없는 것도 간혹 있다.

꽃 :

자웅이주로서 꽃은 엽액에 모여 달리며 향기가 강하다. 꽃에는 7~10mm의 꽃자루가 있으며 화관은 깊게 4개로 갈라진다.

열매 :

우리나라에 있는 것은 거의 수나무가 많으므로 열매를 보기 힘들다.

가치 / 용도

목서라고 부르는 나무는 은목서, 금목서, 구골나무, 박달목서 등이 있는데 그냥 부르는 목서는 흔히 말하는 은목서이다. 목서 중에서도 금목서는 주황색에 가까운 짙은 노랑 꽃이 피고 향기가 짙어서 금방 구별이 된다.

주로 정원수로 심으며 새싹이 잘 돋아 나오므로 생 울타리로 심기에 적당한 나무이다.

182. 은행나무

과명 : 은행나무 과
학명 : Ginkgo biloba L.
생육지역 : 우리나라 전 지역
원산지 : 중국동부
성상 : 낙엽침엽교목
수형 : 원추형
개화기 : 5월
화색 : 황록색

수고 : 15~30m
단풍 색 : 황색
결실기 : 10월
열매 색 : 황색

외형적 특성

잎 :

낙엽성의 단엽으로 호생하며, 단지에서는 총생의 모습을 보이고, 부채꼴의 형태로 차상맥을 갖고 있다. 길이는 4~5㎝이고, 연한 녹색이지만 가을에 황색으로 변한다.

꽃 :

짧은 가지에 달리고 자웅이주로서 암수 딴 그루이며 수꽃은 짧은 이삭모양이고 암꽃은 나출되어 2개로 갈라져 잎과 함께 핀다. 길이 2㎝의 화경에 각각 2개씩 배주가 달리지만 그중 한 개만이 핵과로 결실한다.

열매 :

황색 종의는 악취가 나며 그 속에 은행이 들어있다. 종자가 백색이므로 백과라고도 부르며 황색열매의 겉모양이 살구와 비슷하기 때문에 은행이라 한다.

수피 및 가지 :

가지는 긴 가지와 짧은 가지가 있고, 수피는 검은 홈이 패인 회갈색이다.

가치 / 용도

잎에 은행이 달리는 것은 엽실은행이라 하고 수간이 피라미드 모양인 것은 피라밋은행이라 한다. 가을의 노란 단풍이 아름다워 주로 가로수, 독립수 및 녹음수로 이용되고 있다.
대체로 도시 내에서의 이용이 많으나 생장이 느리고 공해에 민감하며 단풍이 제대로 들지 않는다. 가로수로 이용 시 열매로 인해 문제가 생기기도 한다.
은행의 푸른 잎은 여러 종류의 후라보노이드는 모세혈관의 흐름을 원활히 해주고
혈관을 강하게 해주는 작용을 한다. 헐고 쇠약해진 혈관의 벽을 치유해주고, 뇌와 내장, 그리고 손, 발끝의 말초에 이르기까지 혈액이 골고루 흐르게 해 준다. 따라서 뇌졸중이나 심장병 등 각종 성인병에 뛰어난 효능을 발휘한다. 나무 잎으로 만든 술이 노인성 질환에 효능이 있다.

183. 이팝나무

과명 : 물푸레나무 과
학명 : Chionanthus retusa L. et P
생육지역 : 어청도 및 포항에 대 집단의 자생지가 있으며 중부이남의 전국 각처에 자생.
원산지 : 한국, 일본, 중국
성상 : 낙엽활엽교목
수형 : 원정 형
개화기 : 5~6월
화색 : 백색
수고 : 25m
단풍 색 : 황색
결실기 : 9~10월
열매 색 : 벽 흑색

외형적 특성

잎 :

대생하며 길이 3~15㎝, 너비 2.5~6㎝로 장난형 또는 장타원형이며 첨두, 둔두이며 예저, 원저이다. 거치가 없으나 어린 나무의 경우 예리한 복거치가 있다. 표면 중륵에 흔히 털이 있고 뒷면 중륵 밑 부분에 연한 갈색 털이 있다.

꽃 :

햇 가지 끝에서 길이 6~10㎝의 원추화서가 나오며 화관은 깊게 4개로 갈라지며 갈라진 열편의 너비가 3㎜정도이다. 수수이삭모양의 꽃은 약 20일 동안 달려 있고 은은한 향기가 있다.

열매 :

열매는 핵과로 타원형이며 길이 1~1.5㎝이다.

수피 및 가지 :

어린 가지 및 엽병에는 보통 털이 있으나 없는 경우도 있다. 수피는 갈라지거나 벗겨진다.

가치 / 용도

세계적인 희귀 종으로 거목은 대부분 천연기념물로 지정하여 보호한다. 흰 꽃은 잎이 보이지 않을 정도로 전수관을 덮어서 마치 여름철에 눈이 온 것 같은 착각을 하게 한다. 은은한 향기가 멀리까지 퍼진다. 줄기의 표피가 벗겨지며 아름답고, 가을의 노란 단풍, 보라 빛 열매, 수형도 아름다워 조경수로 서의 가치가 매우 높다.
이팝나무의 폴리페놀은 활성산소를 조절하고 노화를 방지하는 효과가 있다
강장 효과가 있고 위를 튼튼하게 하며 뇌기능을 좋게 한다. 사지마비 치매 중풍 등에 사용하고 가래를 줄이는 효과도 있어서 기침에도 사용 한다.

184. 음나무 (개두릅나무 · 엄나무)

음나무(개두릅나무 · 엄나무) ▼

과명 : 두릅나뭇 과
학명 : Kalopanax pictus
생육지 : 전국 각지 산기슭, 인가 부근
분포지역 : 일본, 중국
성상 : 낙엽 활엽 교목
수고 : 25m 정도
화색 : 황록색
개화기 :7~8월
결실기 : 9~10월

외형적 특성

잎 :

호생하며 길이와 나비가 각각 10~30cm인 원형으로서 가장자리가 손바닥 모양으로 5~9개로 깊게 갈라진다. 갈라진 조각은 란형 또는 타원형이며 가장자리에 톱니가 있고 끝이 뾰족하다. 뒷면 맥 겨드랑이에 털이 빽빽하게 나 있다. 잎자루는 길이 10~50cm로 잎보다 긴 것이 있다.

꽃 :

새 가지 끝에서 겹산형 꽃차례를 이루며 달린다. 양성화이다. 꽃잎과 수술은 각각 4~5개씩이다, 꽃 턱잎은 길이 1~2cm이며 일찍 떨어진다. 씨방은 하위이며 암술대는 2개로 갈라진다.

열매 :

지름 6mm 정도의 계란모양의 작고 마른 열매가 열리고, 익으면 윗부분이 다섯 개로 갈라진다. 속에 1~2개의 씨가 들어 있다.

수피 및 가지 :

가지에 가시가 많다. 어려서 달렸던 가지는 오래되면서 떨어지며, 나무껍질은 회갈색으로 불규칙하게 세로로 갈라진다.

가치 / 용도

뿌리껍질은 아주 연한데 나무껍질인 해동피와 더불어 약재로 사용한다. 약으로 쓸 때는 탕으로 하거나 술을 담가 사용한다. 소화기 · 순환계 · 신경계 · 운동계 질환을 다스리며, 염증에도 효험이 있다. 녹음수, 공원수, 정자목 등으로 적합하다.
새순은 두릅나무 순처럼 따서 식용하므로 그래서 새순의 이름이 개두릅이다.
예전에 잡귀의 침입을 막기 위해 음나무 가지를 대문 위에 꽂아 두는 풍습이 있었다.
목재는 가구재, 악기재, 합판 등에 쓰이며 특히 스님의 바릿대(식기)를 만든다.

한국나무도감

ㅈ:

자두나무/자목련/자작나무/잣나무/장미나무/적송/전나무/좀눈향/좀회양목/졸참나무/주목나무/
중국단풍/쥐똥나무/조팝나무/좀작살나무/찔레나무

185. 자두나무

자두나무 ▼

과명 : 장미 과
학명 : Prunus salicina Lindley
생육지역 : 중국으로부터 1500년경에 도입되어 전국의 인가주변에 과수로 식재.
원산지 : 중국
성상 : 낙엽활엽교목
수형 : 원정 형
개화기 : 4–5월
화색 : 백색
수고 : 8m
결실기 : 7월
열매 색 : 황색, 적자색

외형적 특성

잎 :

호생하며 장도란형 또는 타원상 장난형이고 급한 점첨두, 설저로 길이 5~10㎝, 넓이 2~4㎝이며 둔거치 혹은 복거치가 있다. 엽병은 길이 1~2㎝로 털이 없으며 엽신의 기부 또는 엽병의 상부에 2~4개의 선점이 있다.

꽃 :

잎보다 먼저 피고 지름 2.0~2.2㎝로 백색이며 보통 3개씩 달린다. 소화경은 길이 1.7~1.8㎝이며 꽃잎은 길이 1㎝이다.

열매 :

열매는 구형으로 밑부분이 들어가며 자연생의 것은 지름 2.2㎝이지만 재배종은 길이 7㎝에 달하고 한쪽에 홈이 있으며 핵은 도란형이며 양끝이 약간 좁고 결이 거칠다.

수피 및 가지 :

줄기는 여러갈래로 갈라져서 우산 모양을 이루고, 수피는 회흑색이며 어린 가지는 적갈색으로 털이 없다.

가치 / 용도

꽃은 가지를 하얗게 뒤덮어 싱그러움을 주고 한여름에 녹색의 싱싱한 잎 사이에 달린 노랗고 붉은 열매는 먹음직스럽고 훌륭한 관상가치가 있다. 보통 과수로 재배되나 정원에 식재하여 꽃과 과일을 감상할 수 있다. 독립수 및 경계식재용으로 적합하다.
열매에는 비타민A와 비타민C가 풍부하여 피부미용에 좋을 뿐만 아니라, 아토피 피부염 개선에도 효능이 있다. 수용성 섬유소를 풍부하게 함유하고 있어 묵은 숙변을 배출해주고 변비를 개선하는데 뛰어난 효능이 있다. 빈혈개선 자두에는 철분이 풍부하게 함유되어 있어 빈혈개선에 효과가 있다. 항산화 물질과 안토시아닌이라는 성분을 함유하고 있어 야맹증 치료나 안구건조증 치료에 뛰어난 자두의 효능이 있다. 칼로리가 낮고 식이섬유소가 풍부하여 다이어트에 이용해도 좋다.

186. 자목련

자목련 ▼

과명 : 목련과
학명 : Magnolia liliflora Desr.
생육지역 : 우리나라에서는 중부이남 지역에서 많이 식재.
원산지 : 중국
성상 : 낙엽활엽 소교목
수형 : 평정형
개화기 : 3~4월
화색 : 자색
수고 : 3~420m
결실기 : 4~5월
열매 색 : 갈색

외형적 특성

잎 :

호생하며 도란형, 첨두, 예저이며 길이 8~18㎝, 넓이 4~11㎝로 양면에 털이 있으나 점차 없어지고 엽병은 길이 7~15㎜이다.

꽃 :

잎보다 먼저 피고 암자색이며 꽃받침 열편은 피침형이며, 기부가 뒤로 젖혀지고 꽃잎은 6개이며 길이 10cm, 너비3~4cm로 피침형 또는 긴 타원형이다.

열매 :

익으면 백색 실 같은 종병에 매달린 종자가 나온다.

수피 및 가지 :

줄기는 밑에서 많은 줄기가 올라와 수관을 형성한다. 화아에 짧은 털이 있다.

가치 / 용도

이른 봄에 피는 6개의 커다란 꽃잎은 모양이나 색채가 연 꽃을 닮아 불교적인 분위기를 갖고 있어서 주로 사찰 주변에 많이 심고 있다.
정원, 공원에 식재하여 꽃이 지닌 자주색의 강렬함을 살려서 첨경수, 관상수로 사용하고, 가을에 하얀 실 같은 것에 매달려 익는 열매 또한 이색적이다.
거풍, 통규의 효능이 있고, 두통, 비연, 축농증, 비새, 치통을 치료한다.

187. 자작나무

명 : 자작나무 과
학명 : Betula platyphylla var.
생육지역 : 우리나라 전 지역이나 깊은 산악지대에 자라는 고산수종이다.
원산지 : 한국, 일본
성상 : 낙엽활엽교목
수형 : 원추형
개화기 : 4–5월
화색 : 갈색
수고 : 20m
결실기 : 9월
열매 색 : 갈색

외형적 특성

잎 :

장지에서는 호생하며 단지에서는 2개씩 난다. 삼각상 난형으로 길이 5~7㎝, 너비 4~6㎝이며 예첨두이다. 넓은 설저 또는 아심장저이며 가장자리에 복거치가 있다. 거의 털이 없으나 잎뒷면 맥액에 갈모가 있는 경우도 있다. 엽병은 1~3㎝이며 측맥은 6~8쌍이다.

꽃 :

꽃은 자웅동주로서 암꽃은 위로 서고, 수꽃은 이삭모양으로 아래로 처진다.

열매 :

열매는 길이 3~5㎝, 직경 0.8~1.0㎝로서 아래로 처져 달리고 열매의 날개가 종자의 폭보다 넓다.

수피 및 가지 :

순백색의 수피를 갖고 있으며, 수평으로 종이장 처럼 벗겨진다. 소지는 암자갈색으로 지점이 있다.

가치 / 용도

나무의 질이 좋아 합천 해인사의 팔만대장경은 이 나무로 만들어 졌다.
생장이 빠르고 수피와 수형이 특이한 나무. 도시공해에 약하고 전지를 싫어하므로 유지관리가 까다로우며 집단 식재에 알맞고 도시의 가로수로는 부적당하다. 반사 열을 싫어하므로 뿌리 목에 지피식물을 심어 보호한다. 아름다운 흰 수피를 지녀 조경공간에 대비효과를 줄 수 있고, 강변이나 호수에 수경을 조성하기 좋은 나무이다.
해독작용이 있는 껍질 백화피는 주로 간경에 작용을 하여 해독작용이 뛰어나 습을 없애주고 담을 삭혀주며 열을 내려주는 작용을 하며 황달이나, 간경화, 지방간 등 간질환의 치유와 이뇨작용을 도와 부기를 가라앉혀주고 신장염이나, 통풍, 류머티스, 피부병이나, 종기, 화상, 등의 질환이나 상처에 도움이 되고 수액을 채취하여 꾸준히 섭취하면 류머티스 관절염, 신경통, 소화불량 등에 효능이 있다.

188. 잣나무

과명 :소나무 과
학명 :*Pinus koraiensis* s.et z.
생육지역 :자생종은 남부의 해발1000m이상, 중부는 해발 300m이상에서 자란다.
원산지 :한국, 만주, 일본, 동아시아의 특산
성상 :상록침엽교목
수형 :원추형
개화기 :5월
화색 :담홍색
수고 :30m
결실기 :다음해9월
열매 색 :녹갈색

외형적 특성

잎 :

상록성의 침형으로 5개씩 속생하며 3능선이 졌고, 잎의 뒷면에는 흰 기공조선이 5~6줄 있어 은록색으로 보이기도 한다. 가장자리에 잔 톱니가 있고, 길이는 7~12㎝이며 묵은 잎은 11월에 떨어진다.

꽃 :

꽃은 일가화로서 암꽃은 가지 끝에서 녹황색, 수꽃은 새가지 밑에 붉은색이다.

열매 :

구과는 긴 난상 원추형으로 길이 12~15㎝, 지름 6~8㎝로 한 실편에 한 개의 잣이 결실하고 실편의 끝은 길게 자라서 뒤로 젖혀지며 구과가 익어도 벌어지지 않는다. 우리나라에서 자생하고 있는 소나무류 중에서 구과가 제일 크다.

수피 및 가지 :

수피는 흑갈색으로 갈라지며, 심재가 연한 홍색으로 홍송(紅松)이라고도 한다.

가치 / 용도

고산지대의 수종으로 따뜻한 지방과 대도시에서의 식재는 좋은 수형을 얻기가 힘들다.
공원, 공공건물, 골프장 및 캠퍼스 등에 군식하여 풍치 및 차폐효과를 제공할 수 있다.
수형이 비교적 원추형에 가까워 독립수로도 이용 가능하다.
열매는 잣송이라고 부르며 잣송이의 갈피를 열면 씨앗이 나오는데 꾸준히 복용하면 신체허약증, 폐질환에 뛰어난 효능을 볼 수 있으며 머리에 어지럼증이 있거나 고지혈증 고혈압 이런 증세에도 약이 될 수 있다.
잎을 차로 우려 마시면 몸이 경쾌하고 정신이 맑아지며 동맥 경화, 고혈압, 중풍, 신경통 어린이의 설사와 이질 등에 유효하다.

189. 장미나무

과명 : 장미 과
학명 : Rosa hybrida Hort.
생육지역 : 우리나라 전지역
원산지 : 한국, 중국
성상 : 낙엽활엽관목
수형 : 선형
개화기 : 6~7월
화색 : 백색, 적색, 황색, 자색 등 다양
수고 : 1~2m

외형적 특성

잎 :

잎은 호생하며 광택이 있고 기수 1회 우상복엽이며 표면은 녹색이고 뒷면은 회 녹색이다.

꽃 :

산방화서에 달리며, 대 · 중 · 소의 여러 크기가 있다.

열매 :

수과로 원형 또는 난형이다.

수피 및 가지 :

소지 및 줄기는 녹갈색을 띤다.

가치 / 용도

꽃은 대, 중, 소의 여러 크기가 있고 화색도 다양하며 또 홑, 겹의 것도 있어 다채롭다.
장미는 원래 한철 개화성이었는데 오늘날의 장미는 사철 개화성으로 개발되어 봄부터 가을까지 년 중 개화기간이 길다. 경계식재용 또는 화단 식재용으로 적합하다.
비타민C – 레몬의 17배 / 비타민A – 토마토의 20배, 에스트로겐 – 석류의 8배를 지닌 영양의 보고이며 황산화 물질이 다른 식용 꽃의 약 2배로 노화방지 탁월하며 항암효과가 뛰어나다.

190. 적송 (육송, 소나무)

적송(육송, 소나무) ▼

과명 : 소나무 과 열매 색 : 흑갈색
학명 : Pinus densiflora S.et Z.
생육지역 : 한국 전역, 따뜻한 지방과
대도시에서의 식재는 좋은 수형을 얻기가 힘들다.
원산지 : 한국, 만주, 일본, 동아시아의 특산
성상 : 상록침엽교목
수형 : 원추형
개화기 : 4~5월
화색 : 황색
수고 : 20~30m
결실기 : 다음해9월

외형적 특성

잎 :

상록성의 침엽으로 2개씩 속생하고 다소 비틀어졌으며, 길이는 8~9㎝, 나비는 1.5㎜이고, 밑 부분은 담갈색의 신초로 둘러싸여 2년간 가지에 달려 있다.

꽃 :

자웅이가화이나 자웅일가화인 것도 있으며, 수꽃은 길이 1㎝내외로 새가지 밑 부분에 달리며 장타원형으로 황색이고, 암꽃은 난형으로 2~3개가 새가지 끝에 윤생하며 자색이다.

열매 :

솔방울은 길이 4.5㎝, 지름 3.0㎝의 구과로서 난상 원추형이며 종자는 날개가 붙어 있고 타원형으로 각 실편에 2개씩 들어 있으며 흑갈색이다.

수피 및 가지 :

수피는 보통 붉은색이나 오래된 수피는 흑갈색이고, 동아는 적갈색이며, 심재도 적갈색이다. 성목이 되면 가지는 자연적으로 낙지(落枝)가 잘 된다.

가치 / 용도

우리 조상들이 즐겨 애호하던 나무. 수피가 독특한 적갈색이고 줄기가 직간인 것도 있으나 굽거나 경사를 이룬다. 수형이 그림 같은 자연미를 지녀 독립수로 많이 이용한다.
군식하여 자연풍치적인 효과를 기대 할 수 있다.

191. 전나무

과명 : 소나무 과
학명 : Abies holophylla Max.
생육지역 : 자연 생은 높은 산에서 자라며, 오대산 월경사의 전나무 림은 유명하다.
원산지 : 한국, 일본
성상 : 상록침엽교목
수형 : 원추형
개화기 : 4월
화색 : 황록색
수고 : 30~50m
결실기 : 10월
열매 색 : 황갈색

외형적 특성

잎 :

상록성의 선형으로 길이 4㎝, 나비 2㎜이고 끝이 뾰족하고 뒷면 양쪽에 백색 기공조선이 7~8줄이 나타난다.

꽃 :

일가화로 암꽃은 장타원형, 수꽃은 원통형으로 핀다.

열매 :

구과는 난형 또는 원통형으로 성숙하면 실편이 완전히 떨어지며, 길이 10~12㎝, 지름이 3~5㎝이고 끝은 뾰족하거나 둔두이며 과경은 7㎜정도이다. 실편은 담황갈색 또는 담록갈색으로 흔히 송진이 묻어 있다.

수피 및 가지 :

가지는 윤생하고 수평으로 퍼지며, 수피는 잿빛이 도는 흑갈색이다. 소지는 회갈색으로 털이 없으나 간혹 있는 것도 있으며 얕은 홈이 있다. 어릴 때는 곁가지가 원대보다 길다.

가치 / 용도

병충해가 적고, 전정을 거의 하지 않는다. 격년결실수종으로 풍흉이 심하다. 공해에 약한 특성으로 인해 도시환경에서의 이용은 부적당하다. 독립수로 이용하여 원추형을 이루는 수형의 정형미와 층을 이루는 가지의 수평미를 감상하며 빌딩의 큰 덩어리를 완화시키고 빌딩의 수직성을 강조하기 위하여 군식하여 이용하기도 한다. 7~8년까지는 매우 느리게 자라지만, 그 이후부터는 생장속도가 빨라진다.
류머티스 관절염, 요통, 요도염, 폐결핵, 위염, 위궤양 등의 갖가지 염증질환에도 좋은 효과가 있다. 진은 나무에 상처를 내어 흘러내리는 것을 긁어 모아서 쓰는데 부스럼, 상처, 종기, 종창 등 피부에 생기는 온갖 부스럼과 상처를 치료하는 데 효과가 크다. 폐결핵에는 진을 먹기도 하며 고약의 원료로도 쓴다. 전나무의 어린 가지와 잎은 욕탕 재료로 더러 쓴다. 잎을 황토방에 10센티미터쯤의 두께로 깔고 불을 때어 그 위에 누워서 땀을 내면 만성 간장질환, 중풍 등에 효과를 볼 수 있고 몸 안에 있는 온갖 독소가 땀과 함께 몸 밖으로 빠져 나온다고 한다.

192. 좀눈향 (눈향나무)

과명 : 측백나무 과
학명 : Juniperus chinensis var.asrgentii Henry
생육지역 : 우리나라 전 지역(한라산, 지리산, 설악산 등 표고 700~2,300m에서 자라는 고산수종.)
원산지 : 한국 · 일본 · 타이완 · 사할린 섬
성상 : 상록침엽교목
수형 : 피복 형
개화기 : 4~5월
수고 : 1~5m
결실기 : 다음해 10월
열매 색 : 흑자색

외형적 특성

잎 :

길이 3~5㎜, 넓이 0.6~0.8㎜로 새로 자란 가지의 잎은 침형이고 오래된 가지의 잎은 인엽이다. 잎의 색깔은 백 청녹색으로 가지에 십자 대생하여 붙으며 인엽의 끝은 둔두로 중앙에 백색 선이 있고, 짙은 녹색이며 길이 2㎜이다.

꽃 :

꽃은 자웅이주로 가지 끝에서 개화하며, 수꽃은 난형이다.

열매 :

길이 5㎜, 넓이 8㎜의 구과로서 장질이며 종자는 1~3개씩 들어 있으며 난형이고 길이 5㎜로서 약간 편평하며 짙은 갈색이 돌고 윤채가 있다.

수피 및 가지 :

원줄기가 비스듬히 기울거나 바위에서 밑으로 처지면서 자란다. 지면에 닿은 가지에서는 뿌리를 내린다.

가치 / 용도

주간을 50㎝가량 높게 한 뒤에 퍼지도록 하면 뿌리 돌림이나 식재에도 편리하고 수형도 더 아름답게 된다. 낮게 깔리며 옆으로 퍼지기 때문에 피복용, 암석원용, 경사지 식재용 및 기초식재용으로 적합하다. 자생지의 환경조건이 토양수분이 많고 겨울철 상대습도가 높고 여름철은 서늘한 점을 감안하면 연못가, 하천변, 축대, 옹벽 위가 식재의 적지이다.

193. 좀회양목

과명 : 회양목 과
학명 : Buxus microphylla S. et Z.
생육지역 : 중부 지역 이하에서 생육.
원산지 : 한국, 일본
성상 : 상록활엽관목
수고 : 0.6m
수형 : 원형
개화기 : 3~4월
화색 : 담녹색

외형적 특성

잎 :

대생하며 장타원형 또는 좁은 타원형이고, 길이 1.2~2㎝, 넓이 4~7㎜로 회양목보다는 잎이 얇고 가늘다. 회양목과의 차이점은 잎에 털이 없고 두께가 다소 얇은 것이 다르며 때에 따라서는 겨울에 잎이 갈색으로 변하기도 한다.

꽃 :

소지의 끝이나 엽액에서 암꽃이 중앙에 있고 주위에 수개의 수꽃이 둘러싸고 있다. 꽃받침과 꽃잎은 각각 4개이며, 수꽃에 수술이 4개인 것은 회양목과 같으나 암꽃의 암술머리가 합쳐진 것처럼 보인다(회양목 암꽃의 암술머리는 뚜렷이 3개로 갈라져 있음).

열매 :

열매는 넓은 타원형이며 포배로 터진다.

수피 및 가지 :

가지가 조밀한 상태로 분지하며 소지는 사각형으로 대생하는데 매우 부드러우나 곧지 못하고 굽어져 있다. 털이 없으며 녹색이다.

가치 / 용도

화단 장식용.
회양목보다 잎이 좁아 좀회양목이라 하며 조경가치 및 용도는 회양목과 유사하다.

194. 졸참나무 (굴밤나무)

과명 : 참나무 과
학명 : Quercus serrata Thunb.
원산지 : 한국, 일본, 중국
생육지 : 전국 중부이남
성상 : 낙엽 활엽 교목.
수고 : 23m
개화기 : 5월경
단풍색 : 적황색→ 적갈색→ 갈색 단풍

외형적 특성

잎 :

잎은 타원형으로 어긋나는데 잎 가장자리에는 고르지 않은 큰 톱니들이 있고 끝은 뾰족하지만 밑은 다소 뭉툭하며, 잎 뒷면에는 별처럼 생긴 털이 있다.

꽃 :

꽃은 한 그루에, 수꽃차례는 새로 나온 가지의 잎 겨드랑이에서 아래로 처지며 달리고 암꽃차례는 가지 끝에 곧추 서서 미상꽃차례를 이루며 무리 지어 핀다.
수꽃은 3~12개의 수술과 5~8장의 꽃 덮이 조각으로 되어 있으며, 암꽃은 2~7갈래로 나누어진 암술대와 6장의 꽃 덮이 조각으로 되어 있다.

열매 :

열매는 가을에 포린으로 덮힌 길이가 2~12㎜인 도토리로 익는다.

수피 및 가지 :

어린 가지에는 긴 털이 밀생 한다.

가치 / 용도

한국에서 자라는 참나무 종류 중에서 가장 작고 볼품이 없다. 그래서 졸참 이다. 그러나 떫지가 않아 묵맛이 가장 좋고 종류 중 단풍도 가장 아름답다. 저 옛날, 열매는 도토리 또는 굴밤이라 하여 산간지방의 겨울식량 또는 흉년이 든 해에 구황식량으로 크게 공헌했다.
목재는 건축재, 가구재, 버섯골목, 숯재 등으로 쓰인다. 나무껍질에서 타닌을 추출해 염료로 쓴다. 목초액과 천일염을 이용하여 식염을 제조하는 방법과 항 당뇨 활성을 갖는 연구가 진행 되고 있다.

195. 주목나무

과명 : 주목 과
학명 : Taxus cuspidata S.et Z.
생육지역 : 우리나라 전 지역, 따뜻한 지방에서는 좋은 정원수가 되기 어렵다.
원산지 : 한국, 일본, 만주, 아시아동북부
성상 : 상록침엽교목
수형 : 원추형
개화기 : 4월
화색 : 황록색
수고 : 15m
결실기 : 9월, 10월
열매 색 : 적색

외형적 특성

잎 :

상록성의 선형으로 불규칙하게 배열하며 길이 1.5~2.5㎝, 나비 0.2~0.3㎝로서 표면은 짙은 녹색이나 뒷면에 두 줄의 연한 황색의 기공조선이 있고, 주맥은 양쪽으로 튀어 나왔으며, 잎은 2~3년간 가지에 달려 있다.

꽃 :

꽃은 자웅일가화로 암꽃은 녹색이고, 수꽃은 갈색이다.

열매 :

도란형의 붉은 열매가 컵 모양으로 달리며 붉은 종의 속에 갈색의 종자가 들어있다. 과실에 독이 있어 먹으면 설사를 한다.

수피 및 가지 :

수피는 적갈색인데 심재가 유달리 붉다. 가지는 옆으로 퍼진다.

가치 / 용도

전정에 매우 강하다. 강한 음수이나 양지에서도 생육이 가능하다. 진한 녹색의 잎과 전정 시에 외관상의 부드러운 질감이 선호의 대상이 되어 생 울타리, 토피아리, 경계식재, 분재, 차폐용 등으로 아주 중요한 위치를 차지한다. 생장이 느리고 음지에서도 잘 견디기 때문에 기초 식재 또는 주택이나 도로변의 경사지 식재용으로 독립수 또는 군식하여 이용한다.
세계적으로 가장 많이 쓰이는 항암제인 텍솔은 주목나무에서 추출한다. 미국의 주목보다 한국의 주목이 25~30배 텍솔의 성분이 많으며 독성이 강하다고 한다. 신장염, 부종, 당뇨병 등에 민간요법으로 쓰고 있다.

196. 중국단풍 (세뿔단풍)

과명 : 단풍나무 과
학명 : Acer saccharinum L.
생육지역 : 우리나라 중부, 남부, 남해안지역에서 생육
원산지 : 중국
성상 : 낙엽활엽교목
수형 : 원형, 타원형
개화기 : 4~5월
화색 : 담황색
수고 : 15m
단풍 색 : 적색, 황색

외형적 특성

잎 :

대생이며 길이는 4~8cm 정도로 잎의 끝부분은 둔두 또는 원두이며, 기부에서 3개의 맥이 발달해 있다. 열편은 3각형이며 예두이고, 가장자리는 밋밋하며 어릴 때는 털이 있으나 점차 없어진다.

꽃 :

산방화서가 가지 끝에 달리며, 꽃받침과 꽃잎은 각각 5개이며 수술은 8개이다.

열매 :

열매는 시과로서 털이 없으며 시과는 서로 평행하거나 예각으로 벌어지는데, 길이는 2~2.5cm 정도이다.

수피 및 가지 :

수피는 황갈색으로 오래 되면 벗겨진다. 줄기는 다소 부드러우며 황갈색으로 피목이 발달하고, 2년생 가지는 암갈색이다.

가치 / 용도

밝은 녹색을 띠는 잎이 마치 오리발처럼 3부분으로 갈라진다. 가을에 노란색 또는 붉은색으로 물드는 단풍이 아름답고 수형이 단정하여 정원수, 가로수 등으로 이용되고 잔디밭 가에 식재하면 좋다.
한방에서는 뿌리껍질과 가지를 약재로 쓰는데 사지마비동통, 무릎관절염, 골절상 등 사용한다. 해독작용 및 소염작용이 있다.

197. 쥐똥나무

과명: 가래나무과
학 명 : Juglans mandshurica Max.
생육지역 : 우리나라 전 지역(소백산, 속리산 이북의 표고 100~1,500m의 계곡에 자생)
원산지 : 중국, 대만, 시베리아, 한국
성상 : 낙엽활엽교목
수형 : 원정형
개화기 : 4~5월
화색 : 적색,녹색
수고 : 20m
결실기 : 10월

외형적 특성

잎 :

잎은 기수우상복엽으로 나며 소엽은 7~17매이고 장타원형 또는 난상 타원형으로 예두이고 일그러진 아심장저이다. 소엽은 길이 7~28㎝, 넓이 5~10㎝로 가장자리에 잔 거치가 있으나 점차 없어진다.

꽃 :

꽃은 자웅일가화로 5월에 피며 수꽃은 길이 10~20㎝로 길게 늘어져 피고, 암꽃은 가지 끝에 4~9개가 피며 주두는 빨갛다.

열매 :

열매는 길이 4~8㎝로 9~10월에 익고, 핵과는 난원형으로 예첨두이며 길이 4~4.5㎝이다. 외과피와 엽병에 선모가 밀생하고 내과피는 흑갈색으로 매우 딱딱하고 8개의 능각 사이는 요철이 매우 심하다. 핵의 내부는 2실이다.

수피 및 가지 :

줄기가 곧바로 자라며 가지는 굵게 자라며 소지에 선모가 있다. 수피는 회색이고 세로로 갈라진다.

가치 / 용도

녹음수나 독립수, 공원수로 알맞다.
지저분한 열매를 떨구고 가을의 단풍이 볼품이 없으며, 겨울에도 별로 특징이 없다.
가래나무는 추운 지역에서는 생장이 왕성하지만 따뜻한 곳에서는 생장이 불량하다. 토양습도가 높은 곳을 좋아하고 정체수가 있는 토양에서는 생육이 불량하다.

198. 조팝나무

과명 : 장미 과
학명 : Spiraea prunifolia for. simpliciflora
생육지 : 전국 각지 양지바른 산기슭, 밭둑
성상 : 낙엽 활엽 관목
수고 : 1.5~2m
화색 : 백색
개화기 : 4~5월
결실기 : 9월에

외형적 특성

잎 :

어긋나며 길이 2~3.5cm의 타원형으로서 가장자리에 잔 톱니가 있고 끝이 뾰족하다. 양면에 털이 없다.

꽃 :

길이 약 1.5cm의 흰 꽃이 위쪽의 짧은 가지에 4~6개씩 산형 꽃차례로 달려 피는데 가지 위쪽에 달린 눈은 모두 꽃눈이어서 가지 전체에 꽃들만 달려 온통 흰색으로 덮인다. 작은 꽃자루는 길이 1.5cm 정도이며 털이 없다. 꽃받침 조각은 5개이며 끝이 뾰족하고 안쪽에 솜털이 있다. 꽃잎도 5개이며 길이 4~6mm의 거꿀달걀꼴 또는 타원형이다. 수술은 약 20개이고 암술은 4~5개이며 수술보다 짧다. 씨방은 4~5개이다.

열매 :

길이 3~4mm의 털이 없는 골돌과를 맺는데 익으면 한쪽으로 터진다.

가치 / 용도

이름은 좁쌀로 지은 조밥처럼 작은 꽃이 잔뜩 핀 모양을 비유한 것으로 보인다.
뿌리는 상산, 혹은 촉칠이라 하여 탕으로 달여 사용하면 학질, 가래를 해소 열이 오르는 것을 낮게 하는데 아스피린의 아세틸살리실산을 함유하고 있는 것으로 알려진다.
관상용 · 밀원 · 식용 · 약용으로 이용된다.
어린순은 나물로 먹는다.

199. 좀작살나무

과명 : 마편초 과
학명 : Callicarpa dichotoma (Lour.) K. Koch
분포지 : 대만, 일본, 중국(중남부)
생육지 : 중부 이남. 산지 숲 속 바위지대
성상 : 낙엽 활엽 관목
수고 : 1.5m.
개화기 : 8월
결실기 : 10월
열매 색 : 보라색

외형적 특성

잎 :

대생하며 도란형이고 점첨두이며 길이와 폭이 각 3 ~ 9cm × 1.5 ~ 4cm로, 표면의 주맥 위에 별모양 털이 발달하였고, 뒷면에 샘이 있으며 맥 위에 별 모양 털이 있고 가장자리 밑 부분 1/3부터 톱니가 있으며 잎자루 길이는 2 ~ 4mm이다.

꽃 :

취산꽃차례로 잎 겨드랑이에 10 ~ 20개의 꽃이 피며, 꽃대 길이 1 ~ 1.5cm로 별 모양 털이 있고, 양성꽃이며 길이 2mm로 꽃받침은 털이 없고 수술은 4개로 길이는 5mm이며, 암술대와 길이가 같다.

열매 :

열매는 핵과로 둥글고 지름 3 ~ 4mm이다.

수피 및 가지 :

줄기는 네모지며 별 모양 털이 있다.

가치 / 용도

이름은 줄기가 뻗은 모양이 작살을 닮아 붙여진 이름이다. 도시공원에서는 열매가 야생조류의 유치에 큰 도움이 되며 모습이 아름다워 정원이나 공원에 생태조경용이나 경계 식재용으로도 식재 한다. 작살나무에 비해 잎 아래쪽에는 톱니가 없으며, 꽃차례는 잎 겨드랑이에서 1-4mm 위쪽에 나므로 다르다. 번식은 실생 및 삽목으로 한다.
잎은 지혈작용과 항균작용을 한다. 생약명은 자주라고 하여 편도선염, 인후염, 어혈, 지혈, 산후풍 ,타박상, 종독, 풍습, 골통, 복통 등을 치료한다.

200. 찔레나무 (들장미 · 가시나무)

과명 : 장미과
학명 : Rosa multiflora THUNB.
생육지 : 한국 전국 각지, 양지. 물가
분포지 : 한국, 일본
성상 : 낙엽관목
수고 : 2m
화색 : 백색 또는 연한 홍색
개화기 : 5월
결실기 : 10월
열매 색 : 붉은색

외형적 특성

잎 :

어긋나고 우상복엽이며, 소엽은 5~9매이고 타원형 또는 도란형으로서 양끝이 좁아지고 길이 2~3㎝로서 표면에 털이 없으며 이면에는 잔털이 있고 거치가 있다. 탁엽은 빗살 같은 톱니가 있고 하반부가 잎자루와 겹쳐진다.

꽃 :

원추화서를 이루고 지름 2㎝ 정도. 소화경에는 약간의 선모가 있다.

열매 :

과실은 장과로 구형이다.

수피 및 가지 :

곧추서고 가시가 있으며, 가지 끝이 밑으로 처지고 어린 가지에 털이 있는 것도 있다.

가치 / 용도

흰 꽃과 붉은 과실은 관상가치가 높아 공원수로 적합하며 산울타리용으로도 좋다.
향기는 매우 짙고 신선하여 예전에는 꽃을 따다 증류시켜서 화장수를 만들어 사용하였다.
어린순은 식용하며, 특히 새로 나온 굵은 순은 껍질을 벗겨 날로 먹는다.
과실에는 멀티플로린이 함유되어 있어 한방에서는 '석산호'라 부르고 그 열매를 '영실'이라 하여 약재로 사용하며 활혈 · 이뇨 · 해독의 효능이 있어 신장염 · 각기 · 월경불순 · 월경통 · 변비 · 창독 등의 증상에 사용한다.

ㅊ:

참죽나무/채진목/천지백나무/철쭉나무/청단풍/초피나무/치자나무/칠엽수/층층나무

201. 참죽나무

과명 : 멀구슬나무 과
학명 : Cedrera sinensis Juss.
생육지역 : 중부이남의 서해안의 표고 100~600m의 마을 주변에서 자람.
원산지 : 중국, 한국
성상 : 낙엽활엽교목
수형 : 원형
개화기 : 6월
화색 : 백색
수고 : 20~30m
결실기 : 6월
열매 색 : 갈색

외형적 특성

잎 :

호생하며 기수 또는 우수우상복엽으로 길이 60㎝정도이며 10~22매의 소엽으로 되어 있다. 소엽은 길이 8~15㎝로서 타원형이며 예첨두, 넓은 설저이다. 거치가 없거나 낮은 거치가 있는 경우도 있다. 잎의 양면에 털이 거의 없지만 뒷면 측면의 기부에 갈모가 있다.

꽃 :

원추화서는 길이 40㎝이고 가지 끝에서 밑으로 처지며, 꽃은 양성으로 향기가 많다. 꽃받침과 꽃잎 수는 각각 5개이다.

열매 :

삭과로 도란상 원형이며 길이 2.5㎝로서 5개로 갈라지지만 밑 부분이 합생 한다. 종자는 양쪽에 날개가 있으며 열매가 터짐과 동시에 비산한다.

수피 및 가지 :

줄기는 곧게 크고, 가지가 적고 짧아서 좁은 수관을 만들며 수피는 암갈색이다. 줄기는 얇게 갈라져서 적색의 껍질이 나타나며, 어린 가지에 털이 있으나 성장함에 따라 곧 없어진다.

가치 / 용도

식재에 적합하다. 잎은 우상복엽으로 규칙적인 배열이 아름다우며 도시환경에서 잘 견디는 장점이 있어 도시 내의 공원이나 가로수로 이용 가능하다.
잎에서 양파냄새가 나는 것이 특이점 이다. 뿌리껍질인 춘백피에는 스테롤, 탄닌 등을 함유하여 산후 지혈제, 수렴제, 지사제로 사용한다. 잎에는 카로텐 및 비타민 B와 C가 함유되어 있어, 소염, 해독, 살충의 효능이 있고, 장염, 이질을 치료한다. 달여 마시거나, 또는 환을 지어 산제로 하여 복용한다. 많이 먹으면 의식불명이 되거나 혈기가 적어지니 만성병 환자는 금한다.
뿌리는 염료로도 활용한다.

202. 채진목 (독요나무)

과명 :장미 과
학명 : Amelanchier asiatica Endlicher
생육지역 : 제주도에서는 표고 1100~1600m의 산복에 자생
원산지 : 한국, 중국, 일본
성상 : 낙엽활엽교목
수형 : 원정 형
개화기 : 4월
화색 : 백색
수고 : 5m
단풍 색 : 황색
결실기 : 9월
열매 색 : 자흑색

외형적 특성

잎 :

호생하며 표면에는 털이 없으나 뒷면에는 어릴 때 흰 선모가 있다가 없어진다. 난형 또는 타원형으로 길이 4~8㎝, 넓이 2~4㎝로 예두이고 원저 또는 아심장저로서 얕은 잔 거치가 있다.

꽃 :

양성이고 전년지의 마디나 짧은 가지끝에 나오는 산방상 총상화서로 피며 화경과 꽃받침에 희고 부드러운 털이 있다. 꽃받침은 피침형으로 길이 2.5㎝이고, 꽃잎은 5개로 길이 1.0~1.5㎝이며 수술은 20개이다.

열매 :

열매는 구형이고 지름 0.6~0.8㎜로 열매의 끝에는 꽃받침이 붙어 있다. 종자는 한 열매에 3~5개씩 들어있고 길이 5㎜정도로서 흑갈색이다.

수피 및 가지 :

수피는 얇고 회백색이며, 어린 가지는 가늘고 연모로 덮여 있다가 암자색으로 되며 피목이 산재한다.

가치 / 용도

매우 아름다운 작은 화관목으로 향기도 좋으나 꽃이 며칠밖에 지속되지 못하는 단점이 있다.
가을에 노랗게 물드는 단풍 역시 매우 아름다우며 암자색으로 익는 열매도 감상가치가 있다.
독립수, 경계식재, 자연식재용 등으로 이용되며 특히 연못가의 숲이나 개울의 둔덕 등에 잘 어 울린다.
일본에서 장군의 지휘봉 끝에 달린 수술을 '채배'라고 하는데, 이 나무를 채배 같은 나무란 뜻을 북한에서는 '독요나무'라 부른다.
열매는 6월에 익는다고 준베리(June berry)라는 이름도 있는데 맛은 부드럽고 달콤하다.
항산화활성 및 통풍과 고혈압, 주름개선에 도움을 줄 수 있는 기능성식품 및 기능성 화장품의 개발 가능성이 확인되었으며, 안전한 천연 기능성소재로서의 활용을 기대 할 수 있다.

203. 천지백나무

과명 : 측백나무 과
학명 : for. Sieboldii Rehder
생육지역 : 우리나라 전 지역으로 남쪽의 따뜻한 지방에서
더 좋은 수형과 잎을 가진다.
원산지 : 한국, 만주, 중국북부
성상 : 상록침엽교목
수형 : 원추형
개화기 : 4월
화색 : 담자갈색
수고 : 25m
결실기 : 9월
열매 색 : 흑갈색

외형적 특성

잎 :

상록성으로 도란형 또는 난형이며 비늘모양으로 뾰족하고, 길이 2.5㎜, 나비 2㎜이며 양면이 모두 녹색이거나 연한 황록색으로서 약간의 백색 점이 있어 편백, 화백과 쉽게 구별 된다.

꽃 :

자웅일가화로 수꽃은 길이 2.0~2.5㎜로 전년지 끝에 1개씩 달리며, 암꽃은 지름 2㎜의 연한 자갈색이고 8개의 실편으로 구성된다.

열매 :

구과는 난형이며 길이 15~20㎜로서 8개의 실편이 상호 대생하고, 인편의 끝이 예리하며 약간 제쳐지고 종자에는 날개가 없다.

수피 및 가지 :

밑에서 많은 가지가 나와 빗자루처럼 자란다.

가치 / 용도

잎이 적고 병으로 잘 고사하여 수형이 불량하게 되기 쉬우며, 가지가 가늘어서 눈의 피해를 받는 수가 있다. 주로 독립수, 생 울타리 용, 정원수로 이용되며, 공원이나 광장의 경계 식재로도 이용된다.
측백나무 과의 수목은 배나무 류, 모과나무, 사과나무 류 등의 적성병을 매개하는 중간 기주이므로 배나무 밭과 모과나무의 근처에는 심지 않는 것이 바람직하다.

204. 철죽나무 (철쭉,철쭉꽃)

과명 : 진달래 과
학명 : Rhododendron
생육지역 : 전 지역의 산지 또는 산 능선부의 양지바른 곳
원산지 : 한국
성상 : 낙엽활엽관목
수형 : 선형
개화기 : 4~5월
화색 : 연분홍색
수고 : 2~5m
단풍 색 : 적갈색
결실기 : 10월

외형적 특성

잎 :

호생하지만 가지 끝에서는 5개씩 총생하며 길이 5~10㎝의 넓은 도란형인데 톱니가 없다. 표면은 녹색이고 처음에는 털이 있으나 없어지며 뒷면은 담녹색으로 액상에 털이 있다.

꽃 :

양성화이고 산형화서로서 가지 끝에 3~7개씩 달리며 잎과 더불어 피는데 향기가 있다. 꽃잎의 윗부분에 적갈색의 반점이 있고 소화경과 꽃받침에 털이 있다.

열매 :

긴 타원상 난원형이며 길이 1.5㎝의 삭과로서 선모가 있다.

수피 및 가지 :

줄기는 직립 생장하지만 굵은 가지를 많이 내고 수피는 황갈색으로 털이 많다.

가치 / 용도

꽃은 독성이 있어 먹지 못하므로 개참꽃나무라고도 한다.

공원, 정원에 적당하나 이식 력이 약한 점을 감안해야 한다. 유사 종으로는 흰 꽃이 피는 것이 있는데 대단히 귀하다.
내음성이 강하여 숲 밑에 하목 식재하면 복층적인 아름다움을 감상할 수 있다.

205. 청단풍

과명 : 단풍나무 과
학명 : Acer palmatum Thunb
생육지역 : 한국 자생지 산지의 계곡
원산지 : 한국
성상 : 낙엽활엽교목
개화기 : 5월
수고 : 10m
결실기 : 9~10월

외형적 특성

잎 :

5~7개가 마주 나고, 단풍나무 가운데 잎이 가장 좁게 갈라져 있다. 잎 길이는 5~6㎝이다. 가을에 짙은 붉은색 단풍이 드는 것을 제외하고 잎은 항상 녹색을 띤다.

꽃 :

산방꽃차례

열매 :

시과(翅果)

수피 및 가지 :

나무껍질은 짙은 회갈색이고, 녹색의 작은 가지에는 털이 없다.

가치 / 용도

전에는 과수원의 방풍용으로 많이 심었는데, 방풍용 청단풍은 가지가 서로 얽혀 조경용으로는 알맞지 않다. 한반도 각지의 산지 계곡에 자생하며, 군락을 이루는 경우도 흔하다.

나무의 생김새가 단정하고 아담하며, 잎의 질감이 좋다. 성장속도도 빨라 경제용 조경수로도 인기가 높다. 다른 단풍나무와 달리 단풍나무 가운데 홍단풍과 함께 대표적인 조경수로 이용된다.

206. 초피나무 (제피나무)

과명 : 운향과
학명 : Zanthoxylum piperitum A.P.DC.
원산지 : 한국
생육지 : 전국 산 중턱 및 산골짜기
분포지 : 한국, 일본, 중국
성상 : 낙엽활엽관목
수고 : 높이 2m
화색 : 연한 황록색
개화기 : 5~6월
결실기 : 9월 말 ~ 10월
열매 색 : 갈색

외형적 특성

잎 :

어긋나기하고 홀수깃 모양겹잎이며 소엽은 9 ~ 10개이고 달걀형, 긴 달걀형으로 길이는 1 ~ 3.5cm이고 물결 모양의 톱니가 있으며 톱니의 아랫부분과 잎 가장자리 및 정점에 샘이 있고, 향기가 있으며 잎의 중앙부에 연한 황록색 점이 있고 엽측에 가시가 있다.

꽃 :

암수딴그루이다. 복총상 꽃차례는 잎 겨드랑이에서 나오며 화피 및 수술은 각 5개있다.

열매 :

삭과는 적갈색으로 구형이며 선점이 있고 종자는 검은색으로 성숙한다. 성숙한 과피를 말린 것을 산초라 한다.

수피 및 가지 :

높이 3m에 달하며 일년생가지에 털이 있으나 점차 없어지고 턱잎이 변한 가시는 밑으로 약간 굽었으며 길이 1cm로 마주나기 한다.

가치 / 용도

열매를 약용 또는 향미료로 사용하고 열매의 껍질은 향신료로 쓰인다. 우리나라 경상도 지방에서는 제피나무라고도 부르는데 열매의 껍질을 '제피'라고 불렀고 시골에서는 '고초'라고 부르기도 하였다. 경상도에서는 이것을 갈아 '추어탕'을 끓일 때 미꾸라지의 비린내를 없애는데 사용하는데 매콤한 맛과 톡 쏘는 향이 특징이다.

잎은 생선회 집에서 곁들임으로 귀히 쓰이며 열매는 살균효과를 가지고 있어서 상하기 쉬운 음식에 보존기간을 늘려주며 식중독을 예방해준다. 배변을 좋게 해주며 음낭에서 땀이 차는 것을 멈추게 한다. 치통, 성기능 강화 등의 효능이 있다.

207. 치자나무

치자나무 ▼

과명 : 꼭두선이 과
학명 : Gardenia jasminoides for.grandiflora
생육지역 :남부, 남해안, 제주도
원산지 : 중국
성상 : 상록활엽관목
수형 : 난형, 원형
개화기 :6월
화색 :백색
수고 :4m
결실기 :9월
열매 색 :황적색

외형적 특성

잎 :

대생으로 장타원형 또는 넓은 도피침형이며 첨두 예저이다. 잎의 길이는 3~15㎝ 정도로 양면에 털이 없으며 표면에 광택이 있고 가장자리는 밋밋하다. 엽병은 짧다.

꽃 :

양성으로 6~7개의 꽃잎을 지니며 꽃에 달콤하고 짙은 향기가 있다.

열매 :

길이 3.5㎝로서 긴 타원형이며 세로로 6~7개의 능각이 있고, 황금색 염료를 갖는다.

수피 및 가지 :

많은 줄기와 가지를 내어 주립상으로 자라며 어린 가지에 짧은 털이 밀생된다. 수피는 녹갈색이다.

가치 / 용도

광택이 있고 주름 잡힌 잎과 향기가 짙고 열매도 아름답다. 내한성이 약하며 온대남부 이하에서만 식재가 능하다. 내조성이 강하고 공해에도 강하며 생 울타리, 차폐식재, 경계식재, 공장조경에도 적합하며 정원 공원수로 이용한다. 전정하여 모양을 내어 이용하기도 한다.

기관지 · 코 등이 건조하게 되는 것을 방지해주어 감기를 예방 한다. 신경이 예민할 때, 치자를 우려낸 물을 섭취하면 심신이 안정되고 불면증이 해소되며 눈의 충혈이 가라앉는다.
달인 물로 세안을 주거나 반죽한 것을 얼굴에 발라주시면 기미가 제거에 특효가 있다.
몸 안에 있는 열을 내려주는 효능이 있어 해열효과가 있으며, 가슴이 답답할 때 특히 좋다.

208. 칠엽수 (마로니에)

과명 : 칠엽수 과
학명 : Aesculus turbinata Blume
원산지 : 페르시아, 일본
생육지 : 원산지에서는 산지 계곡에 자라며, 재배종은 공원에 심는다.
분포지 : 중부이남(식재), 일본, 유럽
성상 : 낙엽 활엽 교목.
수고 : 30m.
화색 : 분홍색, 백색
개화기 : 6월
결실기 : 10월
열매 색 : 황갈색

외형적 특성

잎 :

긴 잎자루 끝에는 손바닥을 펼쳐 놓은 것처럼 일곱 개의 잎이 달렸다.
호생하며 손바닥모양의 겹잎이고, 소엽은 5 ~ 7개이며 긴 도란형으로, 밑 부분의 것은 작으나 중앙부의 것은 점첨두이고 예형이며, 뒷면에 적갈색의 부드러운 털이 있으며, 가장자리에 이중 둔한 톱니가 있다.

꽃 :

원뿔모양꽃차례는 가지 끝에 달리고, 짧은 퍼진 털이 있으며, 꽃은 잡성주로 수꽃에 7개의 수술과, 1개의 퇴화된 암술이 있고, 암수 한꽃은 7개의 수술과 1개의 암술이 있다. 꽃받침은 종형으로 불규칙하게 5갈래로 갈라지고 꽃잎은 4개로 갈라진다.

열매 :

열매는 도원추형이며, 지름이 5㎝로 3개로 갈라지며, 종자는 적갈색으로 1개씩 들어 있다.

수피 및 가지 :

통직하고 여러 개가 나와 둥근 수형을 만들기도 하며 나무껍질은 회갈색으로 1년생 가지는 적갈색이 나며 겨울눈은 갈색으로 점액성이 있어 끈적거린다. 나무껍질은 회갈색이며, 1년생 가지 적갈색이다.

가치 / 용도

샹젤리제 거리의 마로니에 가로수는 파리의 명물이 가로수, 정원수로 인기가 높다.
질이 좋은 꿀이 많으므로 원산지에서는 꿀을 생산하는 밀원식물로도 각광을 받고 있다.
타닌을 제거한 열매는 식용한다. 일본 칠엽수 열매는 겉 표면이 매끈하지만 서양 칠엽수는 가시가 있다.

열매는 유럽에서 옛날부터 치질 · 자궁출혈 등의 치료약으로 사용해 왔으며, 최근에는 응용범위가 더욱 넓어져서 동맥경화증, 종창 등의 치료와 예방에도 쓰인다.

209. 층층나무

과명 : 층층나무 과
학명 : Cornus controversa Hemsley.
생육지 : 전국 산지의 계곡 숲, 해발 50–1,350m
분포지 : 한국, 일본, 중국
수고 : 20m
개화기 : 5~6월
화색 : 백색
결실기 : 9~10월
열매 색 : 연녹색, 붉은 연노란 색, 붉은 자주색, 검은색 순서로 여문다.
결실기 : 9월
열매 색 : 벽 흑색

외형적 특성

잎 :

잎은 호생하며 넓은 타원형이며 끝이 뾰족하다. 잎 가장자리가 밋밋하고 측맥이 5~8줄이고 잎자루가 붉으며 잎 뒷면은 흰색이다. 잎의 양면에 미세한 털이 있다.

꽃 :

화서는 가지 끝에 달리며 지름 5~12cm로서 털이 있거나 없고 화경은 길이 1~3cm이다. 꽃잎은 넓은 피침형으로서 꽃받침통과 더불어 겉에 털이 있으며 수술대는 기이 5mm이고 꽃 밥은 정자형으로 달린다.

열매 :

단단한 핵으로 싸인 씨앗이 있는 지름 6~7㎜ 정도의 둥근 열매가 여문다.

수피 및 가지 :

수피는 암회색이며 얕게 세로로 홈이 져서 터지며 가지는 계단상으로 윤생하여 수평으로 퍼지고 붉은 빛이 돈다.

가치 / 용도

가지가 층층이 난다고 층층나무이다. 꽃이 많이 피고 나무모양이 보기가 좋아 조경수로도 인기가 있다.

봄에 나무에 물이 오르면 줄기에 작은 구멍을 내고 수액을 채취하여 약으로 쓰는데 풍을 몰아내주고 강장의 효능과 신경통, 관절염, 기침, 가래에 효능이 있다.

한국나무도감

ㅋ:

카나다단풍나무/콩배나무

210. 캐나다 단풍나무 (설탕단풍)

과명 : 단풍나무 과
학명 : Acer saccharum Marsh.
생육지역 :전국
원산지 :미국동부
성상 : 낙엽활엽교목
개화기 :4~5월
화색 : 황록색
수고 : 40m
단풍 색 : 적색
결실기 : 9월 ~ 10월

외형적 특성

잎 :

대생하고 원형이며 지름이 8~14cm로서 장상으로 3~5개로 갈라지고 열편은 점첨두, 심장저이고 가장자리는 밋밋하거나 치아상의 드문 거치가 있다. 캐나다의 국기는 이 나무의 잎을 본딴 것이다.

꽃 :

잡성화로서 꽃잎이 없고 산방화서이다.

열매 :

시과로서 약간 벌어지며 길이 2.5~4cm이다.

수피 및 가지 :

수피는 회백색으로 갈라지고, 수액으로 설탕을 만들기도 한다.

가치 / 용도

캐나다의 국기는 이 나무를 이미지화 한 것이다. 붉게 물드는 단풍이 매우 화려하고, 수형이 단정하다. 녹음수, 풍치수, 가로수로 적합하다.

아메리카 원주민들은 단풍나무에서 설탕을 채취했다. 캐나다에서는 단풍 시럽 및 단풍설탕을 만드는 전통 정제법이 되었고 현재도 이어져오고 있다.

가구제품, 마루 널에 쓰이는 경판재 등의 상업적 생산에 쓰인다. 어떤 나무들은 목재에 특별한 나무결 무늬를 만들기도 하는데, 점 무늬가 새의 눈처럼 보이는 새눈 단풍, 큰 파도무늬가 있는 컬리 단풍 그리고 잔잔한 파도무늬가 있는 피들백 단풍 등이 있다.

211. 콩배나무

과명 : 장미 과
학명 : Pyrus calleryana var. fauriei Nak.
생육지역 : 중부 이남의 표고 600m 이하 야산의 양지 바른 산록이나 계곡에 자생
원산지 : 한국, 일본, 중국
성상 : 낙엽활엽관목
개화기 : 5월
화색 : 백색
수고 : 3m
결실기 : 10월
열매 색 : 녹갈색, 흑색

외형적 특성

잎 :

호생하며 넓은 난형으로 첨두, 아심장저이고 길이 2~5㎝이다. 가장자리에 뾰족한 거치가 있고 처음에는 털이 있으나 점차 없어지며, 엽병은 길이 3~4㎝이다.

꽃 :

단지에 5~9개씩 달리며, 화경은 길이 1.5㎝이고 꽃의 지름은 1.7~2.2㎝이며 꽃받침은 난형으로 거치가 없고 둔두이며 양면에 흰털이 밀생한다. 꽃잎은 원형 또는 넓은 난형이며 길이 8~10㎜이다.

열매 :

열매는 둥글고 지름 1.0~1.5㎝이며 과경은 3㎝정도이다.

수피 및 가지 :

줄기는 다간형으로 단지는 가시처럼 생겼으며, 어린 가지는 자갈색을 띠며 흰 피목이 산재하고 뚜렷하다.

가치 / 용도

꽃은 소박하고 순결미를 주며 가을에 달린 열매는 보기에 좋다. 맹아 력이 좋아서 생 울타리를 만들면 모양이 좋고 아름다운 수형을 만들 수 있다

돌배나무, 좀 돌배나무, 산돌배, 문배, 황이로 불리기도 한다.

한방에서는 열매를 녹리라는 약재로 쓰이는데 기침, 가래, 해열, 천식, 결핵에 효과가 있다.

한국나무도감

ㅌ:

태산목/탱자나무

212. 태산목 (양옥란)

과명: 목련 과
학명 : Magnolia grandiflora L.
생육지역 : 1920년경 도입되어 광주, 부산, 마산, 순천 등지의 따뜻한 지방의 야외에 식재.
원산지 : 미국 멕시코만 연안과 대서양 연안
성상 : 상록 활엽 교목
수형 : 원정 형
개화기 : 5~6월
화색 : 백색
수고 : 20m
열매 색 : 녹 백색

외형적 특성

잎 :

호생하며 긴 타원형 또는 긴 도란형이고 길이 12~23㎝, 넓이 5~10㎝로 표면은 광택이 있고 뒷면은 회갈색 털이 밀생하며 가장자리가 밋밋하다. 엽병은 길이 1~2㎝로서 털이 없다.

꽃 :

향기가 강하다. 꽃받침은 3개, 꽃잎은 9~12개이다.

열매 :

타원형이며 길이 7~9cm로 익으면 터져서 주머니에 있던 적색 종자가 2개씩 나온다.

수피 및 가지 :

수관이 넓게 퍼져 웅장한 감을 준다. 수피는 암갈색이나 어린가지는 적갈색으로 털이 있다. 동아에 털이 있다.

가치 / 용도

상록의 큰 잎은 광택이 있어 멀리서도 빛이 나며 잎의 뒷면이 차 빛으로 녹색과 잘 어울려서 늠름한 수관과 더불어 관상가치가 높다. 초여름에 가지 끝에 송이송이 피는 순백의 탐스러운 꽃은 진한 향기가 있어 멀리까지 향을 적신다. 동백나무가 생육할 수 있는 따뜻한 지역에 공원수, 정원수, 기념수, 녹음수, 독립수, 꽃나무로 식재할 만하다.

태산목도 목련과의 일종이다. 목련 꽃봉오리를 신이라고 하여 약으로 쓴다. 신이라는 이름은 약간 매운 맛이 난다고 하여 붙인 이름이다. 콧병에는 신이가 최고의 약으로 알려져 있으며 씨, 뿌리, 나무껍질, 잎 등을 모두 약으로 쓴다. 크림으로 만들어 얼굴에 바르면 기미나 주근깨, 여드름이 없어지고 얼굴에 매끄럽게 되어 빛이 난다. 도한 눈을 밝게 하고 추위로 몸이 오싹오싹 하는 증상을 낫게 하며 종기로 인해 열이 나고 가려운 증상을 없앤다. 폐의 열을 내리고 상기증을 낫게 하며 기의 순환을 잘 되게 하고 종기를 낫게 한다.

213. 탱자나무

과명 : 운향 과
학명 : Poncirus trifoliata Rafin.
생육지역 : 경기도 이남지방에서 생육가능.
원산지 : 한국, 중국
성상 : 낙엽활엽관목
수형 : 원주형
개화기 : 4~5월
화색 : 백색
수고 : 3~5m
결실기 : 9~10월
열매 색 : 황색

외형적 특성

잎 :

호생하며 3출엽으로 엽병에 날개가 있고 소엽은 혁질이며 도란형 또는 타원형으로 둔두 또는 미요두, 예저이고 길이 3~6㎝이며 가장자리에 둔한 거치가 있다. 엽병은 길이 2.5㎝내외이다.

꽃 :

정생 또는 액생하며 가시가 나있는 곳에 1~2개씩 달린다. 꽃잎은 5개이며 자방은 8~10실이다.

열매 :

열매는 둥글고 지름 3~5㎝로 향기가 좋으나 먹을 수 없고, 종자는 긴 타원형으로 길이 1.0~1.3㎝이다.

수피 및 가지 :

가지는 편평하며 녹색이고 길이 1~5㎝정도의 예리하고 굳센 가시가 어긋나 있다.

가치 / 용도

꽃이 나무 전체를 뒤덮어 대단히 아름다우며 가을의 열매는 관상가치가 높다. 가지에 가시가 강하게 나 있어 남부지방에서 방어용으로 사용할 수 있으므로 생 울타리 또는 차폐용으로 적당하고, 흔히 귤나무의 대목으로 이용되기도 한다.

옛날 사람들은 동네에 전염병이 돌면 가시가 많이 붙은 탱자나무나 음나무 가지를 안방 문 위에 걸어 놓는 풍습이 있었다.
덜 익은 탱자를 말려 지실이라고 해서 습진 치료에 쓰고, 껍질만을 벗겨 말린 것은 지각이라 하여 설사를 멎게 하거나 건위제로 효과가 있다. 꽃에는 정유 성분이 많이 들어 있어 화장품을 비롯한 각종 향료를 만드는 재료로도 쓰인다.

한국나무도감

ㅍ:

팔손이나무/팥꽃나무/팥배나무/팽나무/편백나무/포도나무/포플러/푸조나무/피나무/피라칸사

214. 팔손이나무

팔손이나무 ▼

과명 : 두릅나무 과
학명 : Fatsia japonica Decne. Et Planch.
생육지역 : 우리나라 전역의 산야에 자생.
원산지 : 한국, 중국, 일본
성상 : 상록활엽관목
수형 : 부정형
개화기 : 10~11월
화색 : 백황색
수고 : 3~4m
결실기 : 다음해 4~5월
열매 색 : 흑색

외형적 특성

잎 :

가지 끝에 모여 달리며 호생하고 긴 엽병이 있어 사방으로 퍼진다. 잎은 지름 20~40㎝이고 장상으로(7~9개) 갈라지며 심장형이고 각 열편에는 둔한 거치가 있다. 잎 양면에 털이 없고 표면은 짙은 녹색으로 광택이 나며 뒷면은 황록색이다.

꽃 :

산형화서는 가지 끝에 모여서 원추화서로 되며 길이 20~40㎝이고 지름 5~8㎝이다. 꽃은 지름 5㎜정도로 꽃잎, 수술은 5개씩이며 화주도 5개이다.

열매 :

열매는 둥글고 지름 3㎜내외의 장과이다.

수피 및 가지 :

가지에 잎이 떨어진 자국이 크게 남는다.

가치 / 용도

난대지역의 조경수로 좋으며 중부지방에서는 잎이 남국적 정취가 깃들여 있어 분식하여 감상한다. 6~8갈래로 갈라지는 시원스러운 광택 있는 잎과 함께 검은 열매는 남국적인 분위기를 자아내며, 거제도에 자생지가 있다. 내음성이 강하여 단조로운 건물의 북쪽에 식재하여 밝은 분위기를 연출할 수 있다. 정원수, 공원수, 첨경수로 이용되며, 하목 식재한다.
팔손이의 자생지는 거제도로 현재 천연기념물로 보호받고 있다.
집에서 키우면 집 공기를 정화시켜주기 때문에 집에서 키우면 좋다. 또한 음이온을 많이 방출 하는 건강목이다.
잎은 오래 전부터 약초로 쓰였으며 팔각금반, 팔금반, 금강찬이라는 약명을 가지고 있다.
효능은 기침, 천식, 가래가 끓는 증세, 통풍, 류머티스 등이 있다.

215. 팥꽃나무

과명 : 팥꽃나무 과
학명 : Daphne genkwa Sieb.et Zucc.
생육지역 : 전남, 평남, 황해도의 해변에 자생
원산지 : 한국, 중국, 대만, 일본
성상 : 낙엽활엽관목
수형 : 타원형
개화기 : 3~5월
화색 : 담홍색
수고 : 1m
결실기 : 7월

외형적 특성

잎 :

대생하나 간혹 호생하는 것도 있으며 길이 3~5㎝, 넓이 0.5~1.2㎝로서 장타원형 또는 도피침형이다. 예두, 예저이고 가장자리에 거치가 없으며 양면에 미모가 있으나 점차 없어지고 나중에는 뒷면 맥 위에만 융모가 남는다. 뒷면은 담녹색을 띠고 엽병의 길이는 약 4㎜내외이다.

꽃 :

잎보다 먼저 전 년지 끝에 3~7개씩 산형으로 달리며 화경에 털이 있다. 열편은 4개로 타원형 또는 도란형으로 둔두이며 길이는 4~9㎜, 폭은 3~4㎜정도이다.

열매 :

열매는 장과이고 길이는 7~8㎜정도로 투명하다.

수피 및 가지 :

줄기는 자갈색을 띠고 있으며, 새가지는 털이 덮여 있다.

가치 / 용도

팥꽃나무 과 중 유일하게 잎이 대생하는 나무이고, 꽃은 라일락과 비슷하게 생겼다.
지피식재용으로도 쓰이며 암석정원에 잘 어울리는 나무이다. 경계식재용으로 좋고 군식 한다. 자생지에서는 꽃이 필 시기에 조기가 많이 잡힌다 하여 조기꽃나무라고도 불린다.
팥꽃나무는 유독성식물로 나무 전체에 독성이 있으며 특히 뿌리와 꽃에 독성이 많다.
한방에서는 꽃을 원화라 하여 약재로 이용하며 소변이 잘 나오게 하고 담을 없애는 효능이 있다.

216. 팥배나무

과명 :장미 과
학명 : Sorbus alnifolia Koch
생육지역 : 우리나라 전 지역
원산지 : 한국, 일본
성상 : 낙엽활엽교목
수형 : 원정 형
개화기 : 5월
화색 : 백색
수고 : 154m
결실기 : 9–10월
열매 색 : 황 홍색

외형적 특성

잎 :

호생하며 난형, 또는 타원형으로 길이 5~10㎝, 넓이 3~7㎝이다. 잎 끝은 짧은 점첨두이고 원저이며 불규칙한 복거치가 있다. 표면과 뒷면 맥 위에 처음 털이 있으나 점차 없어지고, 8~10쌍의 측맥이 가장자리까지 비스듬히 평행하게 뻗혀 있다. 엽병은 약간 붉은 빛이 돌며 1~2㎝이다.

꽃 :

새가지 끝에 산방화서가 맺히며, 직경 약 1.5㎝의 꽃이 6~10개씩 모여 핀다. 꽃받침, 꽃잎은 각각 5개씩이고 수술은 약 20개이다.

열매 :

열매는 이과로 타원형이며 반점이 뚜렷하고 지름 0.8~1.0㎝이다.

수피 및 가지 :

가지는 자갈색으로 흰색 피목이 뚜렷하고, 동아는 적색으로 광택이 있다.

가치 / 용도

얗게 눈덮힌 겨울 산야에 신선한 느낌을 더해주는 열매가 붉은 팥알같이 생겼다고 팥배나무라고 하며 라고도 한다. 녹음수 또는 잔디밭위의 독립수로 알맞으나 공해에 견디기 어렵기 때문에 가로수로 식재하거나 도심부에 이용하기에는 부적당하다.
열매는 빈혈과 허약체질을 치료하는 데 쓰이며 이뇨, 해열, 강정, 혈당조절의 효능이 있고, 당뇨치료, 위장질환, 정력증강에 도움이 된다.
일본에서는 나무껍질을 염료로도 쓴다.

217. 팽나무

과명 : 느릅나무 과
학명 : Celtis sinensis Persoon
생육지역 : 우리나라 전 지역이나 다습한 해안지방, 도서지방에 거목이 남아 있다.
원산지 : 한국, 중국, 일본, 태국, 라오스
성상 :낙엽활엽교목
수형 : 평정 형
개화기 : 4~5월
화색 : 황색
수고 : 20m
단풍 색 : 황색
결실기 : 10월
열매 색 : 등황색

외형적 특성

잎 :

호생하고 2열로 나며 장타원형, 난형이고 짧은 예첨두, 예저로 좌우가 약간 비틀어져 있고 잎의 상반부에 둔한 거치가 있다. 길이 4~11㎝로 기부에서 3개의 맥이 나오고 측맥은 3~4쌍이며 표면 맥상이 오목한 뒷면은 돌출하였다. 엽병은 길이 2~12㎜이고 탁엽은 넓은 선형이며 길이 4~7㎜로 곧 떨어진다.

꽃 :

잡성화로 수꽃은 새가지 밑 부분의 엽액에서 나오는 취산화서에 달리며 암꽃은 새가지 윗부분의 엽액에 1~3개씩 달린다. 암술머리는 2개로 갈라져 뒤로 젖혀지며 수술은 4개이다.

열매 :

열매는 핵과이며 원형으로서 지름 7~8㎜이고 과육은 달콤하다. 과경의 길이는 7~9㎜이다.

수피 및 가지 :

줄기가 직립하며 넓게 퍼지는 평정형의 수형을 이루며 수피는 흑갈색이고 작은 피목이 많으며 어린 가지에는 잔털이 밀생한다.

가치 / 용도

줄기, 잎, 열매가 아름다워 우리 조상들은 이 나무를 가지고 숲을 만들었으며 야취의 멋이 짙은 향토수종이다. 수명이 길고, 잘 뻗어나가는 굵은 가지는 웅장한 수관을 만들고 뿌리 뻗음이 좋아 정자목이나 신목으로 느티나무와 함께 일품으로 손꼽힌다. 바닷가의 풍치수, 정자목, 가로수 등으로도 적합하다. 열매는 과육이 달아 야조 류의 먹이로 이용된다.
잔가지를 약재로 쓰는데 박유지. 박수피라고도 하며 스카톨, 인돌 등이 함유되어 있다. 햇볕에 말려 잘게 썰어서 달여 복용하기도 하고 습진과 종기는 약재를 달인 물로 환부를 자주 닦는다. 진통, 소종의 효능을 가지고 있으며 혈액의 순환을 활발하게 한다. 적용질환은 요통, 관절통, 심계항진, 월경불순, 습진, 종기 등이다.

218. 편백나무

과명 : 측백나무 과
학명 : Chamaecyparis obtusa Endlicher
생육지역 : 우리나라 중부이남 지역에서 생육(1904년 일본에서 도입)
원산지 : 일본
성상 : 상록침엽교목
수형 : 원추형
개화기 : 4월
화색 : 황색
수고 : 40m
결실기 : 10월
열매 색 : 갈색

외형적 특성

잎 :

예두로서 두껍고 녹색 표면에 1개의 선이 있으며, 뒷면에는 Y자형 기공조선이 있어서 W자형인 화백과 구별이 되나 입지환경에 따라 다르므로 확실치 않으며, 편백은 비늘 모양의 잎이 가지에 밀착되어 부드럽고 화백은 뾰족하고 거칠다.

꽃 :

꽃은 일가화로 암수가 각각 다른 가지에 달리고 수꽃은 황색이다.

열매 :

구과는 둥글며 지름 1.0~1.2㎝로서 갈색이고 8개의 실편으로 구성되며, 종자는 각 실편에 2개씩 들어 있으며 긴 삼각형이거나 양면이 돌출하고 길이 3㎜로서 날개가 좁다.

수피 및 가지 :

가지는 수평으로 퍼지고 소지는 편평하고 처지며, 수피는 적갈색으로 세로로 찢어진다.

가치 / 용도

비늘 같은 잎과 외관상의 질감 및 조각으로 찢기는 적갈색의 수피가 아름다우며, 독립수 및 차폐용으로 이용된다. 정원수로 심을 때는 난지 생이기 때문에 북풍에 유의해야 한다.
크기나 화색에 따라 많은 품종들이 개발되어 있는데, 중성형이나 왜성형들은 기초 식재용이나 암석원용으로 적합하다. 우리나라 남부지방의 주요 조림수종으로 이용되고 있다.
여러 해충들로 부터 자신의 몸을 보호하기 위하여 피톤치드라는 물질을 뿜어내어 각종질환들을 예방하고 치료하는데 도움을 준다. 단순히 향을 뿜어내는 것으로 끝나는 것이 아니라 공기 중에 악취를 유발하는 성분들을 제거해 나쁜 냄새를 없애주는 효능도 있다. 마음을 편안하게 해주고 스트레스를 해소해주기 때문에 불면증 해소에도 도움이 된다. 피부질환을 완화하고 진정시켜주는 효능이 있다. 나쁜 화학물질을 제거해서 공기도 맑게 하고 알레르기 반응도 줄여준다.

219. 포도나무

과명 : 포도나무 과
학명 : Vitis vinifera L
원산지 : 북온대 지역. 약 60종이 있다.
유럽 종 포도나무는 포도주를 만드는 데
가장 많이 쓰이는데 수천 년 동안 구대륙에서
재배되었으며 캘리포니아로도 전해졌다.
생육지 : 경상북도·경기도·충청남북도에서
널리 재배하고 있다.
성상 : 낙엽활엽수.

수고 : 17m
화색 : 녹색
개화기 : 5월
결실기 : 8~10월
열매 색 : 검은색, 녹색, 붉은색, 호박
색에 이르기까지 다양한 색을 띤다.

외형적 특성

잎 :

양성화 또는 자웅이주이고 대개는 밀추화서 이다. 항상 덩굴손으로 감아 올라간다. 왕머루는 잎이 어긋나며 넓은 난형인데, 끝이 3~5개로 얕게 갈라지고 거친 톱니 모양이며, 잎 뒤에 털이 거의 없다.

꽃 :

양성화 또는 자웅이주이고 대개는 밀추화서 이다. 항상 덩굴손으로 감아 올라간다. 왕머루는 잎이 어긋나며 넓은 난형인데, 끝이 3~5개로 얕게 갈라지고 거친 톱니 모양이며, 잎 뒤에 털이 거의 없다.

열매 :

대개 둥글며 장과로서 즙이 많은 과육 속에 씨가 들어 있다. 많은 변종의 경우 열매 껍질은 하얀 가루로 덮여 있다.

수피 및 가지 :

잘 발육된 1년생 가지 위에 마디마다 눈이 형성되고 다음해에 그 눈에서 새 가지가 자라나면서 그 새 가지에 열매가 달리게 된다.

가치 / 용도

지구촌 사람들이 먹는 여러 가지 과일 중에 재배역사가 가장 오래된 과일이 포도이다.
중동의 아프가니스탄에서부터 흑해, 카스피 해 연안에 걸쳐 있는 지역이 원산지이며, 포도의 고향은 대체로 기독교의 발상지와 일치한다. 고려시대 이전에 중국으로부터 도입되어 재배된 것으로 여겨지나 확실한 기록은 없다. 현대적인 재배는 1910년 이후 수원과 뚝섬에 유럽종과 미국 종 포도나무를 도입하여 심은 것이 시작이라고 한다. 우리나라에는 미국포도 피가 섞인 캠벨얼리가 가장 많고, 유럽포도 종류도 재배되고 있다.
빈혈을 예방하며 피로회복에 효능이 있다. 열매로만 먹지 않고 포도주, 포도주스, 포도잼 등으로 다양하게 사용된다.

220. 포플러 (미루나무)

과명 : 버드나무 과
학명 : Populus nigra var.italica
원산지 : 유럽
수고 : 30m
화색 : 녹색을 띤 노란색
개화기 : 3~4월
결실기 : 5월

외형적 특성

잎 :

마름모처럼 생긴 달걀 모양이며 길이 5~10cm, 나비 4~8cm이다. 끝은 뾰족해지며 가장자리에 잔 톱니가 있다. 겉면은 윤기 있는 짙은 녹색이고 뒷면은 노란빛을 띤 녹색이다. 잎자루는 납작하고 길이 약 4cm이다.

꽃 :

암수딴그루로서 미상꽃차례로 달린다. 수꽃이삭은 총상 또는 겹 총상으로 달린다.

열매 :

15~20cm이고

수피 및 가지 :

껍질은 깊게 갈라지며 검은빛을 띤 갈색이다. 작은가지는 둥글고 털이 없으며 노란빛이지만, 2년 된 가지는 잿빛을 띤 갈색이다. 겨울눈은 붉은빛이 섞인 갈색이며 끈적임이 있다.

가치 / 용도

가로수와 조림수 용도로 도입한 귀화식물이다. 현재의 가로수가 은행나무나 버즘나무인 것처럼 개화기의 신작로에는 포플러가 주를 이루었다.

한방과 민간에서 잎과 나무껍질을 지혈제와 이뇨제 등에 약으로 쓴다.
나무는 연하고 약하여 성냥개비, 나무젓가락, 가벼운 상자, 펄프원료로 이용된다.

221. 푸조나무 (평나무)

과명 : 느릅나무 과
학명 : Aphananthe aspera Planch.
생육지역 : 전라도와 경상도의 따뜻한 해안 및 마을 부근에 자생
원산지 : 한국, 중국, 일본
성상 : 낙엽활엽교목
수형 : 평정 형
개화기 : 4~5월
수고 : 20m
단풍 색 : 황색
결실기 : 9~10월
열매 색 : 흑색

외형적 특성

잎 :

호생하며 난형 또는 좁은 난형으로 길이 5~10㎝, 넓이 3~6㎝이다. 긴 예첨두이고 둥글거나 넓은 예저이며 예리한 거치가 있다. 측맥은 11~12쌍이며 거의 곧고 보통 팽나무에 비하여 측맥이 가장자리 끝 부분까지 닿는 것이 다르다. 표면은 꺼칠꺼칠하며 뒷면에는 짧은 복모가 있다.

꽃 :

꽃은 자웅일가화로 수꽃은 기부의 엽액에서 나오는 취산화서에 녹색으로 피고 암꽃은 새 가지의 윗부분 엽액에 1~2개씩 피며 꽃잎이 5개로 갈라진다.

열매 :

지름 6~8㎜의 난상 구형으로 익으며 짧은 복모가 있다. 핵과로 된 과육은 먹을 수 있다.

수피 및 가지 :

줄기가 곧고 수관은 우산 모양으로 느티나무와 같이 큰 면적을 차지한다. 수피는 회백색으로 종으로 돌기가 생기며 크게 되면 벗겨져 떨어진다. 어린 가지는 거친 털이 있다.

가치 / 용도

심근성으로 강풍이나 해풍에도 강하며 녹음수, 풍치수, 방풍수, 해안지대의 가로수 등으로 이 용 가능하다. 전정에 견디고 맹아 력이 있으며 수세가 강건하다. 바람에도 잘 견디고 병충해가 비교적 적다. 내건성이 약하여 습기가 없는 땅에서는 생육이 불량하고, 대기오염이 심한 도심지에서의 생육 또한 좋지 못하다. 따뜻한 남부지방의 마을나무, 가로수, 공원수로 심으면 좋은 나무이다. 목재는 연하면서 단단하여 세공재, 건축재, 조각재 등 귀한 용도로 사용한다. 병충해가 없고 과육은 단맛이 있으며 식용할 수 있다.

222. 피나무

과명 : 피나무 과
학명 : Tilia amurensis Rupr.
원산지 : 아시아
생육지 : 산기슭 및 산중턱. 중부와 북부의 해발 100~1,400m
분포지역 : 한국에서 만주를 거쳐 소련까지 분포한다.
성상 : 낙엽 활엽교목.
수고 : 20m
화색 : 백색
개화기 : 6월
결실기 : 9~10월

외형적 특성

잎 :

호생하고 넓은 난형이며, 끝이 뾰족하고 밑은 심장저로서 가장자리에 톱니가 있다. 뒷면 맥 겨드랑이에 갈색 털이 밀생한다. 전체 모양은 완벽한 하트형이다.

꽃 :

꽃은 취산화서에 달린다. 화서 밑에 달린 포는 피침형이며 길이 5㎝이다. 초여름에 하트모양의 잎 사이로 깔때기 모양의 꽃차례에 작은 꽃이 모여 핀다.

열매 :

콩알 굵기만 한 도란 형이며 갈색 털이 밀생 한다.

가치 / 용도

예로부터 수피를 섬유 자원으로 사용하였으므로 피나무라는 이름이 붙었다.
목재는 연한 황갈색으로 비중이 0.5 정도에 재질이 연하고 결이 고와 가공하기 쉽다. 세밀한 무늬가 들어가는 조각품을 비롯하여 가구 내장재, 밥상, 김칫독, 궤짝, 바둑판까지 다양하게 쓰인다.

단단한 씨앗이 들어 있는데, 이것으로 스님들의 염주를 만들기도 했다. 그래서 피나무를 '염주나무'라고도 부른다.

223. 피라칸사 (피라칸사스,피라칸타)

피라칸사(피라칸사스,피라칸타) ▼

과명 : 장미 과
학명 : Pyracantha angustifolia Schneider
생육지역 : 전북 및 경북 이남, 중부 지방에 생육가능
원산지 : 중국
성상 : 상록활엽관목
수형 : 피복 형
개화기 : 6월
화색 : 백색
수고 : 1~2m
결실기 : 10~11월
열매 색 : 적색

외형적 특성

잎 :

호생하나 단지에서는 속생한다. 잎 모양은 타원형의 선형 또는 장타원형으로 길이 2~6㎝, 넓이 5~10㎜이며 끝이 둥글다. 뒷면에는 회백색의 면모가 밀생하고 가장자리는 밋밋하다.

꽃 :

단지 끝의 산방화서에 달리며 지름 4~5㎜로 화병과 꽃받침에는 회백색의 연모가 밀생하며 꽃잎은 5개이다.

열매 :

편구 형으로 끝이 오목하며 꽃받침이 남아있고 지름 5~6㎜로 광택이 있다.

수피 및 가지 :

가지가 많이 갈라져서 엉키고 가지에 예리한 가시가 있으며, 어린 가지에는 담황갈색의 연모가 밀생한다.

가치 / 용도

중부지방에서는 월동이 불가능한데 개체 중에는 추위에 적응하여 중부지방에서 월동 가능한 것들도 있다. 생 울타리, 감상가치가 높아 기초식재용 또는 경계식재용으로 적합하다.

열매는 적양자라는 이름의 약재로 쓰이며 건위, 소화, 혈액순환. 지혈의 효능이 있다.

한국나무도감

ㅎ:

해당화/하니베리/화백나무/화살나무/향나무/헛개나무/호두나무/홍 가시나무/홍단풍/황칠나무/회양목/회화나무/후박나무/후추나무/후피향나무/흑 느릅나무/흑송/히말라야시더/흰 라일락

224. 해당화 (일본 장미,필두화)

과명 : 장미 과
학명 : Rosa rugosa
생육지 : 전국 각지, 바닷가 모래땅, 산기슭
성상 : 낙엽 활엽 관목
수고 : 1~1.5m
화색 : 짙은 홍색, 붉은 자주색
개화기 : 5~7월
결실기 : 8월
열매 색 : 황적색

외형적 특성

잎 :

어긋나며 5~9개의 작은 잎으로 구성되는 홀수 깃꼴겹잎이다. 작은 잎은 두껍고 길이 2~5cm, 나비 약 12mm의 타원형 또는 타원 모양의 거꿀달걀꼴이며 가장자리에 잔 톱니가 있다. 앞면에 주름이 많고 광택이 있으며 털이 없다. 뒷면은 맥이 튀어나오고 잔털이 촘촘히 나며 샘 점이 있다. 턱잎은 잎같이 크다.

꽃 :

6~9cm의 오판화가 새로 나온 가지 끝에 1~3송이씩 달려 피는데 향기가 진하다. 꽃 받침통은 둥글고 털이 없으며 꽃받침 조각은 댓잎 피침 형이고 떨어지지 않는다. 꽃잎은 5개인데 넓은 거꿀달걀꼴이며 끝이 오목하다. 수술은 많고 꽃 밥은 황색이다.

열매 :

지름 2~3cm의 둥근 수과가 달려 황적색으로 익는데 끝에 꽃받침 조각이 남아 있다. 열매 안쪽에는 지름 5mm 정도 되는 흰 씨가 6~8개 들어 있다. 열매는 윤기가 나고 새콤한 맛이 난다

수피 및 가지 :

줄기에 갈색의 가시와 융털이 많으며 가시에도 융털이 있다.

가치 / 용도

꽃에 방향성 정유가 많아 향낭, 또는 향수의 원료로 쓰고 뿌리는 염료로 쓰인다. 꽃잎은 말려 술을 담그거나 우려서 차로 마시기도 한다.
열매는 식용 또는 약용한다. 어린순은 나물로 먹는다.

꽃은 신선한 것만을 골라서 따고 열매는 그늘에 말려 쓴다. 뿌리를 매괴근이라 한다. 약으로 쓸 때는 탕으로 하거나 고제로 하여 사용하며, 술을 담가서도 쓰는데 부인과 질환을 다스리며, 혈증에 효험이 있다.

225. 하니베리 (댕댕이)

하니베리(댕댕이) ▼

과명 : 인동과
학명 : Lonicera coerulea var.edulis Regel
생육지역 : 전남 및 강원도 이북(백두산)에 자생
성상 : 낙엽활엽관목
수형 : 원정 형
개화기 : 5~6월
화색 : 황백색
수고 : 1.5m
결실기 : 7~8월
열매 색 : 자흑색

외형적 특성

잎 :

대생하며 길이1~4㎝, 너비1㎝로서 피침형 또는 타원형이며 둔두 또는 첨두이고 예저이며 거치가 없다. 잎 표면에 털이 있으나 없는 경우도 있으며 잎 뒷면에는 융모가 있다.

꽃 :

액생하며 화경은 길이2~10㎜로서 털이 있고 포는 길이 5~8㎜로서 털이 있다. 화관은 깔대기 모양이며 소포는 유합되어 꽃받침 통을 둘러싼다. 꽃받침은 톱니처럼 5개로 갈라지고 화관은 황백색이며 원통형의 종모양이며 길이1.2~1.5cm로서 털이 약간 있다.

열매 :

장과로서 타원형 또는 거의 원형이고 지름은 2~3㎜이고 흰 가루로 덮여 있다.

수피 및 가지 :

소지의 마디에는 포엽이 붙어 있고 골속은 희며 골속이 꽉 차있다.(괴불나무, 각식괴불나무, 물앵도나무, 섬괴불나무는 골속이 비어 있음)

가치 / 용도

2품종 이상 혼식을 권장하며, 수분수 보다는 벌 등 충매로 수확량을 늘릴 수 있고 수확 시기는 열매가 짙은 보라색일 때 수확하는 것이 좋다. 영하-48c에서도 견딜 만큼 내한성이 강한 수종이다.
고대서부터 불로장생의 묘약, 환상의 열매로 잘 알려져 왔으며 독특한 풍미와 새콤달콤한 열매는 2~3cm 정도의 크기로 칼슘과 철분 등 각종 미네랄 등이 풍부하고 안토시아닌은 블루베리의 3배 이상 포함되어 있다. 열매는 생으로 먹고 과즙이나 청량음료를 만들어 먹으면 더 좋다. 간 기능 활성화 및 세포 재생에 뛰어난 효능이 있다.

226. 화백나무

화백나무 ▼

과명 : 측백나무 과
학명 : Chamaecyparis pisifera(Siebold & Zucc.) Endl.
성상 : 상록침엽교목
원산지 :일본
생육지 : 중부 이남지방. 1920년경 도입
수고 : 50m
개화기 : 4월
결실기 : 9-10월
열매 색 : 암갈색

외형적 특성

잎 :

난상 피침형으로 촉감이 거칠고 끝이 뾰족하며 뒷면은 W자형의 백색 기공조선이 있다.
편백과 화백은 매우 비슷한데 잎 끝이 둔하고 뒷면의 흰색 기공조선이 Y자 모양이면 편백, 잎 끝이 뾰족하고 뒷면의 흰색 기공조선이 대체로 x자 모양인 것이 화백이고, w자 모양이면 측백 이다.

열매 :

구과는 구형으로 지름 6mm로 실편은 8-12개로 표면의 가장자리가 도드라졌고, 씨앗은 1-2개씩 들어 있으며 난상 원형으로 길이 2-3mm로 양쪽에 넓은 날개가 있다.

수피 및 가지 :

껍질은 홍갈색으로 얇게 띠 모양으로 벗겨진다.

가치 / 용도

번식은 씨앗으로 파종하나 꺾꽂이를 하여 뿌리 내림하는 것이 자라는 속도가 빠르다.
목재는 조림용, 관상용, 건축재로 이용하고 있다.
편백나무 다음으로 피톤치드를 내품으므로 삼림욕수로 적합하다.
실내에서도 분재로 키우면 피톤치드를 효과를 얻을 수가 있다.

227. 화살나무

화살나무 ▼

과명 : 노박덩굴 과
학명 : Euonymus alatus Sieb.
생육지역 : 전국에 자생.
원산지 : 한국, 중국, 일본
성상 : 낙엽활엽관목
수형 : 선형
개화기 : 5~6월
화색 : 황록색
수고 : 1.5~3m
단풍 색 : 적색
결실기 : 9~10월
열매 색 : 적색

외형적 특성

잎 :

대생하고 도란형 또는 장타원상 난형이고 길이 2~7㎝, 넓이 1~3㎝로 둔한 거치가 있으며 예두, 예저이고 길이 1~3㎝의 엽병이 있다. 가을 단풍이 매우 아름답다.

꽃 :

취산화서는 액생하고 3개의 꽃이 달리며, 지름 1㎝의 작은 꽃이 은은하게 피며, 꽃잎, 꽃받침, 수술은 각각 4개이다.

열매 :

열매는 12월까지 나무에 달려 있고 종자는 황적색 종의로 싸여 있으며 흰색이다.

수피 및 가지 :

가지는 녹색으로 세로로 2~4줄의 뚜렷한 콜크 질의 날개가 있다.

가치 / 용도

단풍과 열매가 매우 아름다워 공원, 정원에 적합한 수종이다. 자연공원에서의 하목식재용, 경계식재 및 차폐식재용으로 쓰이며 군식하면 아름답다.
화살나무를 암 치료에 쓰는 방법은 뿌리, 가지, 잎사귀는 같이 달이고 날개는 따로 따서 말려서 곱게 갈아 달인 물에 한 숟가락씩 먹으면 매우 효과적이다. 당뇨병에 효험이 있어서 혈당량을 낮추고 인슐린 분비를 늘리는 작용을 한다. 고혈압, 동맥경화, 기침가래, 월경불순, 생리가 안 나오는 데, 산후에 어혈로 인한 복통 등에 효험이 있다.

228. 향나무

과명 : 측백나무 과
열매 색 : 자흑색
학명 : Juniperus chinensis L.
생육지역 : 우리나라 전역에 생육 가능
원산지 : 중국, 몽고, 한국, 일본
성상 : 상록침엽교목
수형 : 원추 형
개화기 : 4월
화색 : 황록색
수고 : 23m
결실기 : 다음해9월

외형적 특성

잎 :

상록성으로 7~8년생부터 인엽이 생기지만 맹아에서는 침엽이 나온다. 침엽은 윤생 또는 대생하고 엽서는 4~6줄로 배열되며, 짙은 녹색으로 길이 5~10㎜, 넓이 1.0~1.5㎜이고 인엽은 능형이고 끝이 둥글며 가장자리가 백색이다.

꽃 :

자웅이주로 암꽃은 구형으로 지름이 1.5㎜이며 황색이고, 수꽃은 타원형으로 길이 3㎜로 연한 자갈색이다.

열매 :

구과는 직경이 약 7㎜정도로 구형 또는 편구 형이며, 종자는 길이 6㎜, 지름 3.7㎜로 다갈색이다.

수피 및 가지 :

가지가 상하로 향하고, 1~2년생 가지는 녹색, 3년생 가지는 암갈색이다. 수피는 세로로 갈라지며 잿빛이 도는 흑갈색이거나 적갈색이다.

가치 / 용도

전정에 내성이 있어 여러 모양으로 다듬어서 '토피아리' 또는 독립수로 이용되며, 때로는 열식 하기도 한다.
우리나라에서 공간특성에 관계없이 곳곳에 너무 많이 식재되고 있다.
측백나무 과 수목은 배나무 류, 모과나무, 사과나무 류 등의 적성병을 매개로 하므로 배나무 밭과 모과나무의 근처에는 심지 않는 것이 바람직하다.
향나무는 종류가 아주 많지만 약성은 거의 비슷하다. 피부병, 비듬, 백설풍, 습진, 무좀, 동토병 등에 효과가 있다.

229. 헛개나무

과명 : 갈매나무 과
학명 : Hovenia dulcis Thumb.
생육지역 : 중부 이남의 표고 50~800m에서 자란다.
원산지 : 한국, 일본, 중국
성상 : 낙엽활엽교목
개화기 : 6~7월
화색 : 백색
수고 : 10~15m
열매 색 : 갈색

외형적 특성

잎 :

호생이고 길이 8~15cm, 넓이 6~12cm의 넓은 난형 혹은 타원형으로 가장자리에 둔한 톱니가 있으며 밑 부분은 심장형으로 측맥은 3쌍이고 엽병은 길이 3~6cm이다.

꽃 :

취산화서이고 양성화로 지름 7mm 정도이다.

열매 :

갈색을 띠며 지름 8mm 로서 3실에 각각 1개의 편평한 종자가 들어 있고 외과피는 다갈색으로 광택이 있다. 과경은 불규칙하며 울퉁불퉁하다.

수피 및 가지 :

수관이 퍼지며, 가지는 성글게 자란다. 껍질은 회백색으로 밋밋하지만 점차 갈라진다.

가치 / 용도

열매는 다량의 지방유 · 단백질 · 탄수화물과 소량의 무기질을 함유하는 영양가 높은 식품이다.
독이 없고 먹으면 머리털이 검어지고 강장 · 강정의 효과가 있다고 하며, 보신 · 온폐 · 정천 · 윤장 · 지해 · 양위 · 변비 등에 효과가 있다.

기름은 호도유라고 하며 질이 좋은 건성유로서 −22℃가 되어도 얼지 않는다.
식용은 물론 그림물감의 제조에도 쓰인다.
목재는 질이 치밀하고, 굽거나 틀어지는 일이 없어서 고급 가구재나 장식재로 쓰인다.

230. 호두나무 (호도나무)

호두나무(호도나무) ▼

과명 : 가래나무 과
학명 : Juglans sinensis DODE
원산지 : 이란 (추정)
생육지 : 평택이남. 충청도가 전체 생산량의 반을 넘고 다음이 경상북도 · 전라북도 · 경상남도의 순이다.
성상 : 낙엽교목
수고 : 20m
개화기 : 4~5월
결실기 : 9월

외형적 특성

잎 :

기수우상복엽이고, 복엽의 한 잎인 소엽은 3~7개로 넓은 타원형에 밋밋하며, 톱니는 없거나 뚜렷하지 않다.

꽃 :

수꽃 이삭은 6~30개의 수술이 달려 길게 드리우고, 암꽃이삭은 1~3개의 암꽃으로 되어 있다.

열매 :

열매는 둥글고 딱딱한 껍데기에 싸여 있고, 깊은 주름이 잡혀 있으며, 핵피는 얇다. 뿌리가 땅속 깊게 발달하고 토양 중에 습기와 공기가 있어야 잘 자라며 열매를 많이 맺는다.

수피 및 가지 :

수관이 퍼지며, 가지는 성글게 자란다. 껍질은 회백색으로 밋밋하지만 점차 갈라진다.

가치 / 용도

열매는 다량의 지방유 · 단백질 · 탄수화물과 소량의 무기질을 함유하는 영양가 높은 식품이다.
독이 없고 먹으면 머리털이 검어지고 강장 · 강정의 효과가 있다고 하며, 보신 · 온폐 · 정천 · 윤장 · 지해 · 양위 · 변비 등에 효과가 있다.

기름은 호도유라고 하며 질이 좋은 건성유로서 −22℃가 되어도 얼지 않는다.
식용은 물론 그림물감의 제조에도 쓰인다.
목재는 질이 치밀하고, 굽거나 틀어지는 일이 없어서 고급 가구재나 장식재로 쓰인다.

231. 홍 가시나무

과명 : 장미 과
학명 : Photinia glabra Max.
생육지역 : 경남 마산, 충무, 진주, 부산
원산지 : 일본
성상 : 상록활엽교목
수형 : 원형
개화기 : 5–6월
화색 : 백색
수고 : 10m
결실기 : 10–12월
열매 색 : 적색

외형적 특성

잎 :

호생하며 도피침상 장타원형이고 예첨두, 예저이며 길이 5~12㎝, 넓이 2.5~4㎝로 표면은 녹색이고 평활하며 윤채가 있다. 뒷면은 황록색으로 주맥이 두드러지며 가장자리에 좁고 예리한 거치가 있다. 엽병은 길이 10~17㎜로 어릴 때 기부 내면에 털이 약간 있는 것이 있고, 탁엽은 침형으로 일찍 떨어진다.

꽃 :

원추화서는 새가지 끝에 달리며 지름 7~13㎝로서 화경에 털과 피목이 없다. 꽃은 짧은 도원추형이며 수술은 20개이고 자방은 중위이며 2실이고 2개의 암술대는 황색 밀선이 있다.

열매 :

열매는 타원상 구형이고 지름 5㎜정도이다.

수피 및 가지 :

어린 가지가 나올 때는 잎과 가지가 붉은색이다.

가치 / 용도

봄과 가을에 가지와 잎이 붉은 빛이 돌아 진귀한 형상을 이루어 가로수, 정원수, 생 울타리용으로 적합하다.
목재는 매우 단단하여 수레바퀴나 낫과 같은 농기구의 자루를 만드는 재료로 사용된다.
열매는 이질, 치질 등에 효능이 있다.
잎은 소변을 잘 나가게 하여 열기를 식히는 효능이 있다.

232. 홍단풍 (노무라 단풍)

홍단풍(노무라 단풍) ▼

과명 : 단풍나무 과
학명 : Acer palmatum var. sanguineum Nak.
생육지역 : 전국에 생육 가능하다.
원산지 : 일본
성상 : 낙엽활엽교목
수형 : 원형
개화기 : 4~5월
화색 : 암홍색
수고 : 7~13m
단풍 색 : 적색

외형적 특성

잎 :

대생으로 봄부터 가을까지 붉은색이나 봄철에만 붉은색을 띠고 여름부터는 푸른색을 띠는 것이 보통이다. 잎은 보통 7개로 갈라지지만 9개로 갈라지는 것도 있다.

꽃 :

수꽃과 양성화가 있다.

열매 :

열매는 시과로 2개의 날개가 거의 평행으로 달린다.

수피 및 가지 :

어린가지는 녹색이나, 성장함에 따라 회녹색으로 된다.

가치 / 용도

일본에서 육종한 나무로 일명 노무라 단풍이라고도 한다. 낙엽지기 전까지 붉은색의 잎을 가지나, 입지조건이나 개체에 따라 녹색 또는 녹자색으로도 나타난다. 배경의 수목이 푸른색일 때 더욱더 아름답게 보이며 잔디밭에도 잘 어울리는 수종이다.
잎의 질감이 곱고 색이 아름다워 관상수, 경관수, 녹음수로 이용하는 것이 적합하다.
목질이 치밀하여 땔감으로 쓰이기도 한다.
한방에서 뿌리와 껍질과 가지를 계조축이라는 약재로 쓰는데 무릎관절염으로 통증이 심할 때 물에 넣고 달여서 복용하고 골절상을 입었을 때 오가피를 배합해서 사용하며 소염작용과 해독효과가 있다고 알려져 있다.

233. 황칠나무 (노란 옻나무)

과명 : 두릅나무 과(Araliaceae)
학명 : Dendropanax morbifera Lev. = D. trifidus Makino
생육지 : 제주도, 전남 표고 700m까지 분포하고 완도, 거문도, 대흑산도, 어청도에 생육.
성상 : 상록활엽 교목
수형 : 원주형.
수고 : 15m

수액 색 : 황색
화색 : 백색
개화기 : 6월
결실기 : 10월
열매 색 : 흑색

외형적 특성

잎 :

잎은 어긋나기하며 길이 10-20㎝의 달걀모양 또는 타원형이고 톱니가 없거나 3~5개로 갈라지며 첨두이고 예저 또는 넓은 예저이며 양면에 털이 없고 엽병은 길이 3-10㎝로서 표면이 편평하거나 홈이 있다. 전체적으로 광택이 좋다.

꽃 :

우상모양꽃차례는 가지 끝에 1개씩 달리며 양성 꽃으로 화경은 길이 3-5㎝이며 꽃자루는 길이 5-10mm이다. 꽃받침은 종형 또는 거꿀 달걀 모양이고 끝이 5개로 갈라지며 꽃잎과 수술은 각각 5개이고 밀선 반에 꿀 샘이 있으며 씨방은 5실이고 암술머리는 5갈래로 나뉜다.

열매 :

열매는 길이 7~10mm인 타원형의 핵과로 암술대가 남아 있다.

수피 및 가지 :

큰 것은 높이가 15m에 달하고 수간은 단립으로 올라가 원뿔모양의 수형을 이루고 일년생가지는 녹색이며 털이 없고 윤기가 난다.

가치 / 용도

나무껍질에 상처를 주면 황금색의 수액이 나오는데 황칠이라 하며 임금의 곤룡포에서부터 가구, 금속 · 가죽의 도료로 사용되었는데, 중국에 조공품으로 보내기도 했다.
진시황이 불로초라 불렀을 만큼 많은 약효가 있다. 뿌리에 사포닌 성분이 다량 함유되어 있어 피를 맑게 하여 혈액순환개선을 통해 콜레스테롤 수치를 내려준다. 면역력 강화와 기력 향상, 정혈작용, 노화방지, 황산화 효과, 항암, 항균, 불면증치료, 변비, 정력에 효과가 있다.
수액이 몸에 묻으면 옻이 옮는다.

234. 회양목

과명 : 회양목 과
학명 : Buxus microphylla var. koreana Nak.
생육지역 : 전국의 석회암지대 지표식물로 자생.
원산지 : 한국
성상 : 상록활엽관목
수형 : 원형
개화기 : 4~5월
화색 : 황색
수고 : 0.5~3m
결실기 : 6~7월
열매색 : 녹색

외형적 특성

잎 :

타원형 또는 도란형으로 둔두 또는 미요두, 예저이고 거치가 없으며 약간 뒤로 젖혀진다. 잎표면은 녹색이고 중륵 하반부에 털이 있으며 뒷면은 황록색으로 엽병에 털이 있다.

꽃 :

정생 또는 액생하며 양성화로서 1~4개의 수꽃이 모여나고 그 중앙에 한 개의 암꽃이 있다. 잎은 대생・윤생하며 혁질로서 길이 12~17㎜이다.

열매 :

삭과이며 난형으로 길이 1㎝이고 털이 없으며 셋으로 갈라져 흑색의 종자를 갖는다

수피 및 가지 :

소지는 녹색으로 네모가 지고 털이 있다. 가지는 산생하나 지엽이 밀생한다.

가치 / 용도

광택이 있는 잎이 특징이며 상록으로 수형이 아름답고 맹아 력, 이식 력이 좋으며 수형조절이 자유로워 정원, 공원 구역의 경계지, 생 울타리 등 여러 용도로 쓰인다.
이식 력, 내한성, 내공해성이 있고 마음대로 수형조절이 가능하여 우리나라에서 가장 많이 식재하는 상록관목이다.
목질이 단단하여 인장용으로 사용하여 도장나무라고도 한다.
진통, 진해, 거풍 등에 효능이 있고 적용 질환으로는 풍, 백일해, 신경통, 치통, 통풍이나 류머티스 등에 좋다.

235. 회화나무

과명 : 콩 과
학명 : Sophora japonica L.
생육지역 : 표고 600m이하의 마을 주변과 산농 경계에 많이 식재.
원산지 : 한국, 중국, 일본
성상 : 낙엽활엽교목
수형 : 원형, 타원형
개화기 :8월
화색 : 황백색
수고 : 25m
결실기 : 10월

외형적 특성

잎 :

호생하고 기수우상복엽으로 길이 15~25㎝이며, 소엽은 9~15개로 난형 또는 좁은난형, 예두이며 기부는 둥글다. 길이 2.5~6.0㎝, 넓이 1.5~2.5㎝정도로 표면은 녹색이고 뒷면은 회색이며 잔 복모가 있다. 소엽병은 짧고 털이 있다.

꽃 :

복총상화서로서 정생하며 길이 15~30㎝로 접형화가 핀다.

열매 :

협과로서 원주형이고 꼬투리는 5~8㎝로 잘룩하다.

수피 및 가지 :

소지는 녹색으로 부드럽고 회색의 피목이 발달해 있다.

가치 / 용도

꽃이 아름답고 수형도 단정하며 수관의 질감이 섬세하고 녹음의 효과도 좋으며 도시환경에서의 적응력도 높다. 정원수, 정자목, 기념수, 공원수, 가로수로 적합하다.
옛날에는 이 나무를 매우 귀하고 신성하게 고결한 선비의 집이나 서원, 절간, 대궐 같은 곳에만 심을 수 있었고 특별히 공이 많은 학자나 관리한테 임금이 상으로 내리기도 했다.
꽃과 열매 껍질 뿌리 등을 약으로 쓸 수 있으며 주로 고혈압, 뇌일혈, 중풍, 손발의 마비,
등의 순환기계 질병과 치질, 치루 등에 효과가 크고, 오래 먹으면 머리칼이
희어지지 않고 늙지 않으며 오래 산다고 전해진다.

236. 후박나무

후박나무 ▼

과명 : 녹나무 과
학명 : Machilus thunbergii
원산지 : 중국
생육지역 : 남부 지방, 울릉도 바닷가 근처, 산기슭
성상 : 상록 활엽 교목
수고 : 20m
화색 : 황록색 꽃
개화기 : 5~6월
결실기 : 8~10월
열매 색 : 검 붉은색

외형적 특성

잎 :

호생하지만 가지 끝에서는 밀생한 것처럼 보이며 길이 7~15cm, 나비 3~7cm의 거꿀달걀꼴을 닮은 타원형이고 가장자리가 밋밋하다. 잎몸은 가죽질로 두꺼우며 윤기가 나고 깃 모양의 맥이 있다. 표면은 녹색이고 뒷면은 회록색이며 양면에 털이 없는 것이 특징이다. 잎자루는 길이 2~3cm이고 굵은 편이다.

꽃 :

새잎이 나올 때 잎 겨드랑이와 가지 끝에서 원추 꽃차례를 이루며 달려 핀다. 양성화이다. 꽃 덮이 조각은 6개인데 3개씩 2줄로 달리고 안쪽에 갈색 털이 있다. 수술은 12개이며 3개씩 4줄로 배열되는데 안쪽의 3개는 꽃밥이 없다. 암술은 1개이다.

열매 :

지름 약 14mm인 둥근 장과가 달린다. 열매자루는 붉은빛이다.

가치 / 용도

나무껍질을 후박피라 하며 약재로 사용하는데 20년 이상 된 나뭇가지의 껍질을 채취한다. 약으로 쓸 때는 탕으로 하거나 산제 또는 환제로 하여 사용하며, 술을 담가서도 쓴다.
소화기 질환이나 거담 작용에 쓰이고 있다.
목재는 가구재 · 선박재로 쓴다.

237. 후추나무

과명 : 후추과
원산지 : 인도 남부
생육지 : 인도네시아, 말레이시아, 서인도제도, 중국 남부의 하이난 섬 등 따뜻한 아열대지역에서 재배
성상 : 상록덩굴식물
개화기 : 4~10월
결실기 : 10월~ 4월 사이에 붉게 익는다.
열매 색 : 성숙하기 전의 열매를 건조시킨 것을 검은 후추라 하고, 성숙한 열매의 껍질을 벗겨서 건조시킨 것을 흰 후추라 한다.

외형적 특성

잎 :

어긋나고 두꺼우며, 넓은 달걀 모양 원형이고, 가장자리가 밋밋하다. 잎에는 휘발성 기름이 들어 있는 저장세포가 있다.

꽃 :

수상화서를 이룬다.

열매 :

둥글고 지름 5~6㎜이며 자루가 없다.

수피 및 가지 :

줄기는 목질이며, 마디에서 착생 근이 자라서 다른 물체에 붙어서 자란다.

가치 / 용도

후추는 고기의 누린내를 없애주는 효과가 있어 옛 부터 향신료로 이용하여 왔으며 주로 가루 내어 이용하며, 통으로 이용하기도 한다.
대항해시대를 여는 요인을 제공하여 동서양이 만나게 되었다고 알려지며 당시는 금, 은 보다도 비싼 매우 귀중한 물품이었다.
한방에서는 후추가 온중 · 건위 · 구풍 · 발한 등에 효능이 있다고 하여 소화불량 · 위 허약 · 번위 · 구토 · 하리 등의 증상에 약재로 이용하였다.

238. 후피향나무

후피향나무 ▼

과명 : 차나무 과
학명 : Ternstroemia japonica Thunb.
생육지역 : 제주도, 경남 · 전남의 해안가
원산지 : 한국, 일본, 중국, 자바, 보르네오
성상 : 상록활엽교목
수형 : 타원형
개화기 : 7월
화색 : 백색
수고 : 9m
결실기 : 10월
열매 색 : 적색

외형적 특성

잎 :

호생이지만 가지 끝에서는 총생하고 혁질이며 장타원형, 둔두, 예저이고 길이 3~7㎝, 넓이 1.5~2.5㎝로 거치가 없다. 잎이 두꺼우며 중앙 맥외에는 측맥이 눈에 보이지 않고, 양면에 털이 없으며 표면은 짙은 녹색으로 윤기가 있고 뒷면은 황록색이. 엽병은 길이 2~8㎜로 자갈색을 띤다.

꽃 :

양성화로 7월경에 지름 2㎝정도로 개화하며 엽액에서 밑으로 처진다. 꽃받침과 꽃잎은 각각 5개씩이다.

열매 :

둥글고 길이 1.2~1.5㎝로 성숙된 열매는 상반부가 갈라지는데 3~5개의 붉은 종자가 안에 들어있다.

가치 / 용도

단정한 수형, 상록성의 윤기 나는 잎, 붉은색의 엽병과 소지가 아름다워 남부지방에서는 고급 정원수, 공원수로 이용하고 있다. 대기오염에 강하여 완충수로도 쓰인다.
중심목이나 하목으로도 사용한다. 분에 심어 관엽 식물로도 활용한다. 전정에는 비교적 약하므로 가능하면 자연수형으로 키우는 것이 좋다.
수피는 다갈색 염료로 쓰이고, 목재는 단단하여 작은 가구나 기구를 만들며 건축 재료나 문방구로도 쓰인다.
잎과 열매를 백화과라 하여, 잘 치유되지 않는 종기나 유선 염에 약용하며 해외에서는 뿌리, 수피, 잎을 이질, 말라리아 등에 약용한다고 한다.
줄기를 잘게 썰어서 식체 또는 복통의 치료에 쓰인다.

239. 흑 느릅나무

과명 : 느릅나무 과
학명 : Suberosa Nakai
생육지역 : 우리나라 전지역
원산지 : 한국, 중국, 일본
성상 : 낙엽활엽교목
수형 : 원정 형
개화기 : 4~5월
화색 : 황록색
수고 : 30m
단풍 색 : 황갈색
결실기 : 5~6월

외형적 특성

잎 :

호생하고 도란형 또는 도란상 타원형으로 급한 첨두이며 기부는 좌우가 비대칭의 예저이고 복거치가 있다. 길이 3~10㎝이며 표면은 거칠고 미모가 있다. 뒷면은 엽맥에 따라 단모가 있고 10~16쌍의 측맥이 있다. 엽병은 길이 3~7㎜로 털이 있고, 탁엽은 길이 8~10㎜로서 곧 떨어진다.

꽃 :

양성화.

열매 :

열매는 도란형 또는 타원형의 시과로서 길이 1.0~1.5㎝로 중앙부에 잔털이 있고, 종자는 날개의 상부에 치우쳐 있는 편이다.

수피 및 가지 :

원줄기가 곧게 자라서 많은 가지를 내어 둥근 수형을 이룬다. 수피는 암갈색으로 세로로 균열이 생기고 소지는 적갈색으로 단모가 있다. 가지에 코르크가 발달 한다.

가치 / 용도

세계 3대 가로수중의 하나로 성장이 빠르고 전정이 된다. 독립수 또는 녹음수로 적합하며, 공원, 대학캠퍼스 및 대단위 조경단지에 알맞다. 맹아 력이 강하여 생 울타리로도 이용되며, 보도 폭이 넓은 곳의 가로수 또는 조경용으로 잠재력이 있는 수종이다.
부스럼과 종기가 난 곳에 잘 듣는다. 위하수, 위궤양, 십이지장궤양에 효과가 있다.
배가 사르르 아프고 소화가 안 될 때 좋다. 소변이 잘 나오지 않을 때 통하게 하는 기능이 있다. 축농증과 중이염에 잘 듣는다. 종기, 종창과 곪은 상처에 효과가 있다.
여성의 피부를 곱게 하는 작용이 있다. 자궁과 유방 질환에 잘 듣는다.

240. 흑송 (소나무)

과명 : 소나무 과
학명 : Pinus thunbergiana Franco
생육지역 : 서쪽은 경기도 남양, 동쪽은 강원도 울진까지 분포한다.
원산지 : 한국, 중국, 일본
성상 : 상록침엽교목
수형 : 원추형
개화기 : 4~5월
화색 : 자홍색
수고 :28m
결실기 : 다음해9월
열매 색 : 녹갈색

외형적 특성

잎 :

상록성의 침형으로 2개씩 속생하며, 짙은 녹색으로 다소 비틀어지며 끝이 뾰족하고 길이 9~14㎝, 나비가 1.5㎜이고 2~3년 동안 달려있다.

꽃 :

일가화로 암꽃은 새 가지의 끝부분에 1~5개씩 적자색으로 달리고, 수꽃은 새 가지의 밑부분에 많이 달리며 원통형이다.

열매 :

솔방울은 긴 타원형으로 길이 4.5~6㎝, 지름 3~4㎝로, 종자는 난형 또는 타원형으로 흑자색으로 날개가 붙어 있다.

수피 및 가지 :

수피는 흑갈색이고 동아는 흰색이다.

가치 / 용도

우리나라에서는 해안지방에 많이 자생하고 있다. 해풍에 잘 견디는 내염성 수종이며 사질토양에서 생육이 양호하나 암석지 등 척박지에서도 생육이 매우 강하기 때문에 해안의 방풍림이나 방조림으로 많이 심고 있다. 추위에 약해서 중부내륙 지방에서는 생육이 불가능하다.
오장을 살찌우고, 장위를 따뜻하게 하고, 진액을 길러주고, 풍을 없애고 폐를 촉촉하게 하며 장을 부드럽게 하고 피부를 윤택하게 하며, 변백하는 효능이 있다.

241. 히말라야시더 (개잎갈나무, 설송)

히말라야시더(개잎갈나무, 설송) ▼

과명 : 소나무 과
학명 : Cedrus deodara (Roxb.) Loudon
생육지 : 천안이남
원산지 : 히말라야 북서부
성 : 상록 침엽 교목
수고 : 30m
화색 : 노란색 띤 갈색
개화기 : 10월
열매 색 : 갈색

외형적 특성

잎 :

짧은 가지에서는 여러 개가 돌려나는 것처럼 보이고 긴 가지에서는 1개씩 달린다. 끝이 뾰족한 바늘모양으로 단면은 삼각형이다.

꽃 :

암수한그루로 수꽃과 암꽃은 짧은 가지의 끝부분에 달린다. 수꽃은 원기둥모양이고 암꽃은 달걀모양이다.

열매 :

타원모양 또는 달걀모양으로 종자에 날개가 있다.

수피 및 가지 :

수피는 회색을 띤 갈색으로 세로로 갈라지면서 조각이 얇게 벗겨진다.

가치 / 용도

세계의 3대 아름다운 나무 수종으로 꼽힌다. 관상용, 공원수, 가로수, 조경수로 도입한 귀하식물이다. 추위와 공해에는 취약하여 남부지방에서만 식재 한다.

목재는 건축재, 교량재, 선박건조, 가구, 건구, 지붕 잇는 널빤지, 상자, 포장재, 마루바닥재 등으로 이용한다.

242. 흰 라일락

과명 : 물푸레나무 과
학명 : var. alba Ait
생육지역 : 우리나라 전역에 식재.
원산지 : 유럽
성상 : 낙엽활엽관목
수형 : 타원형
개화기 : 4~5월
화색 : 자색
수고 :2-7m
단풍 색 : 적색
결실기 : 9월

외형적 특성

잎 :

대생하며 길이 4~10㎝, 넓이 2.5~6㎝이며 난형 또는 넓은 난형이며 첨두이고 기부는 절저 또는 아심장저 이다. 가장자리에 거치가 없으며 잎 뒷면은 담록색을 띤다. 수수꽃다리보다 잎이 작다.(라일락은 10㎜내외, 수수꽃다리의 잎 길이는 5~12㎝내외임.)

열매 :

삭과로서 길이 1.5㎝내외이며 9월에 익고 과피에 피목이 없으며 평활하다. 수수꽃다리와 비슷하지만 화관통부의 길이가 짧다.(라일락 10㎜내외, 수수꽃다리의 길이는 12~20㎜정도임)

수피 및 가지 :

노령목이 되면 줄기가 꼬여 자라고 수피는 세로로 길게 찢어진다.

가치 / 용도

화색이 아름답고 향기가 있어 도시공원에 식재하면 좋다.
원산지는 몰카 제도이며 기원전에 중국에, 1세기경에는 인도를 거쳐 서로마에 전해졌다.
유럽에서는 15세기경부터 재배가 성행했는데 중세시대에 아랍인이 북아프리카 및 스페인을 정복, 정착하면서 생긴 문물의 하나이다. 영명 라일락은 프랑스어의 '리라'에서 변한 말이다.
항균력이 있어서 치통이나 구충 · 건위제로 썼고 이질, 충치, 기침, 안질약이나 향신료로 썼다.
차분, 과자, 담배 등에 향신료로 쓰이고 염료를 내기도 하였다. 중세에는 노인의 백발을 막는데 썼고 중국 후한의 '한관의'에 따르면 임금을 만날 때 입 냄새를 막기 위한 구취제로 썼다고도 한다.

한국나무도감

우리 주변의 친근한 나무 찾기
한 권이면 이제 당신도 나무박사

제목 : 한국나무도감
발행 : 2017년 11월 15일 초판 1쇄
발행인 : 한국학자료원
편저 : 김오곤
감수 : 김 선
디자인편집 : 위즈앤북스
편집 : 조영재
사진 : 김철열, 최유리, 권유민
기획 : 최희성(010-5410-8909)
주소 : 서울시 은평구 녹번동 180-30
전화 : 070-8225-8905
이메일 : iohc@paran.com
등록번호 : 312-1999-074
ISBN : 978-89-93025-87-3

가격: 35,000원